在配种笼中的果子狸

在栖架上的幼狸

单笼饲养的果子狸

人狸亲和训练

饲喂果子狸的饲料

闲置房屋改建的果子狸饲养舍

双列式果子狸笼舍

竹板式果
子狸笼舍

铁栅栏式果
子狸笼舍

3

果子狸饲养舍的
窗户涂黑遮光

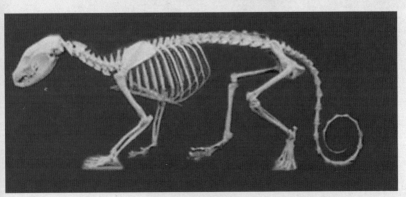

果子狸骨架

果子狸驯养与利用

屈孝初 编著

金盾出版社

内 容 提 要

果子狸是野生经济动物,全国各地都能驯养,具有较高的开发利用价值。本书由长期从事果子狸驯养研究的专家编写。书中系统地介绍了果子狸的生物学特性、驯养技术、营养与饲料、饲养管理、繁殖与选种、饲养场地的建造、疾病防治、毛皮及肉品的加工利用等。所介绍的技术科学实用,可供有关科技工作者及果子狸驯养和产品加工人员阅读。

图书在版编目(CIP)数据

果子狸驯养与利用/屈孝初编著.—北京:金盾出版社,2002.6

ISBN 978-7-5082-1915-8

Ⅰ.果… Ⅱ.屈… Ⅲ.①果子狸-驯养②果子狸-毛皮-利用 Ⅳ.S865.2

中国版本图书馆 CIP 数据核字(2002)第 021134 号

金盾出版社出版、总发行

北京太平路 5 号(地铁万寿路站往南)
邮政编码:100036 电话:68214039 83219215
传真:68276683 网址:www.jdcbs.cn
彩色印刷:北京百花彩印有限公司
黑白印刷:北京金盾印刷厂
装订:科达装订厂
各地新华书店经销
开本:787×1092 1/32 印张:8.125 彩页:4 字数:178 千字
2007 年 9 月第 1 版第 2 次印刷
印数:11001—17000 册 定价:8.50 元

前　言

　　果子狸是毛皮、肉兼用的珍贵野生动物。其肉被消费者誉为"山珍"，毛皮为名贵裘皮。果子狸生活于山野中，对维持丘陵山区生物的生态平衡有其特殊作用。

　　近年来，由于山林的开发，使果子狸逐渐失去了自然生存的条件，野生数量锐减，现已有部分地区将其列为保护对象，但可依法进行驯养和开发利用。

　　由于果子狸具有独特的经济价值，且易于驯养，因此，其驯养业已在各地悄然兴起。为了促进这一特种养殖业的发展，笔者根据多年来在果子狸驯养上的研究成果，并吸收了各地的先进经验，尤其是在果子狸驯化、饲养、繁殖与疾病防治等方面的经验，编写了此书。

　　在本书编写过程中得到了湖南农业大学李文平、康梦松、向秀成等专家的热心帮助和支持，在此一并致谢。

　　本书难免有疏漏和不妥之处，敬请读者和专家指正。

编著者

2002 年 3 月于长沙

目　　录

第一章　驯养果子狸的经济价值和生态效益 ………… （1）

一、驯养果子狸的经济价值 ……………………… （1）

二、驯养果子狸的生态效益 ……………………… （2）

三、果子狸驯养业的发展前景 …………………… （2）

第二章　果子狸的生物学特性 …………………… （3）

一、果子狸在动物分类学上的位置及形态特征……… （3）

（一）果子狸在动物分类学上的位置 …………… （3）

（二）果子狸的形态特征 ………………………… （3）

（三）果子狸亚种的形态特征 …………………… （4）

二、果子狸的地理分布 …………………………… （6）

（一）果子狸的分布地域 ………………………… （6）

（二）果子狸的小生态环境 ……………………… （6）

（三）果子狸亚种的形成与分布 ………………… （7）

三、果子狸的生活习性 …………………………… （8）

（一）食性 ………………………………………… （8）

（二）栖息地迁移 ………………………………… （9）

（三）昼伏夜行 …………………………………… （10）

（四）群居习性 …………………………………… （10）

（五）领域行为 …………………………………… （11）

（六）护仔行为 …………………………………… （11）

（七）定点排粪 …………………………………… （12）

（八）吞草、吐草团习性 ………………………… （13）

四、果子狸的冬眠习性 …………………………… （14）

　　(一)冬眠期的生理活动 ·················· (14)

　　(二)冬眠习性的观察 ·················· (16)

　五、果子狸的生长发育过程················ (19)

　　(一)仔狸期 ······················· (19)

　　(二)幼狸期 ······················· (19)

　　(三)青年期 ······················· (20)

　　(四)成年期 ······················· (20)

第三章　果子狸的生理解剖特点 ·············· (20)

　一、果子狸的骨骼形态 ················· (20)

　　(一)头骨 ························· (20)

　　(二)脊柱 ························· (22)

　　(三)肋骨、胸骨和胸廓 ··············· (23)

　　(四)四肢骨 ······················ (23)

　二、果子狸的内脏器官 ················· (25)

　　(一)消化系统 ····················· (25)

　　(二)呼吸系统 ····················· (29)

　　(三)泌尿系统 ····················· (29)

　　(四)生殖系统 ····················· (30)

第四章　果子狸的驯化 ·················· (34)

　一、驯化的概念 ····················· (34)

　二、果子狸驯化的特征 ················· (35)

　　(一)群体结构的特征 ················· (36)

　　(二)繁殖行为的特征 ················· (36)

　　(三)亲仔关系的特征 ················· (36)

　　(四)对人的反应 ··················· (37)

　　(五)其他特征 ····················· (37)

　三、果子狸的驯化方法 ················· (38)

（一）新捕捉果子狸应激期的管理 ·················· (38)

（二）培养听信号就食的习惯 ····················· (39)

（三）设置适宜的笼舍 ······························· (39)

（四）早期进行驯养训练 ··························· (40)

第五章　果子狸的营养需要 ···················· (41)

一、果子狸的消化生理特征 ······················· (41)

（一）生长发育快,营养浓度要求高 ·············· (41)

（二）对脂肪的消化率高 ··························· (42)

（三）淀粉酶活性低 ······························· (42)

二、果子狸营养需要量的估计 ···················· (42)

（一）能量的需要量 ······························· (44)

（二）蛋白质的需要量 ····························· (47)

（三）脂肪和脂肪酸的需要量 ···················· (50)

（四）碳水化合物的需要量 ······················· (50)

（五）维生素的需要量 ····························· (51)

（六）矿物质的需要量 ····························· (55)

三、果子狸饲料中的养分含量 ···················· (58)

第六章　果子狸的饲料 ·························· (59)

一、果子狸的能量饲料 ···························· (59)

（一）玉米 ·· (59)

（二）大麦 ·· (60)

（三）小麦 ·· (61)

（四）糙大米和碎大米 ····························· (61)

（五）稻谷 ·· (61)

（六）麦麸 ·· (61)

（七）米糠 ·· (62)

（八）脂肪和脂肪酸 ······························· (62)

二、果子狸的蛋白质饲料 ························ (63)

  (一)大豆饼粕 ····························· (63)

  (二)鱼粉 ································· (64)

  (三)肉粉和肉骨粉 ······················ (64)

  (四)血粉 ································· (65)

  (五)羽毛粉 ····························· (65)

  (六)蚕蛹粉 ····························· (66)

  (七)脱脂奶粉、酪蛋白和乳清粉 ·········· (66)

三、果子狸的果蔬类饲料 ······················ (67)

  (一)菜叶 ································· (67)

  (二)南瓜 ································· (67)

  (三)红薯 ································· (67)

四、果子狸的日粮配合 ························· (68)

  (一)日粮的能量 ························· (68)

  (二)影响饲料能量的因素 ················· (68)

  (三)日粮能量水平与采食量 ··············· (69)

  (四)以能量为日粮基础的营养平衡 ········· (69)

  (五)制订日粮配方的要求 ················· (70)

  (六)日粮配方的配制方法 ················· (70)

  (七)复合预混料的配制方法 ··············· (74)

第七章　果子狸的饲养管理 ·················· (75)

一、果子狸饲养管理的技术要点 ··············· (75)

  (一)构建适合果子狸生活的环境 ··········· (75)

  (二)注意笼舍卫生,定期消毒 ············· (76)

  (三)管理人员要与果子狸建立亲和协调的关系 ··· (76)

  (四)建立定时、定量、定温、定质的饲喂制度 ········ (77)

二、果子狸不同季节的饲养管理 ··············· (77)

（一）年度饲养期的划分 ………………………（77）

（二）春季的饲养管理 ……………………………（78）

（三）夏季的饲养管理 ……………………………（79）

（四）秋季的饲养管理 ……………………………（79）

（五）冬季的饲养管理 ……………………………（80）

三、仔狸的饲养管理……………………………………（81）

（一）哺乳期仔狸的饲养管理 …………………（81）

（二）仔狸的早期人工哺育 ……………………（85）

四、幼狸的饲养管理……………………………………（88）

（一）幼狸期的划分 ……………………………（88）

（二）幼狸的生长阶段 …………………………（89）

（三）幼狸的营养特点 …………………………（89）

（四）幼狸的管理 ………………………………（89）

五、空怀母狸的饲养管理……………………………（90）

（一）恢复期的饲养管理 ………………………（90）

（二）积脂期的饲养管理 ………………………（91）

（三）越冬期的饲养管理 ………………………（91）

六、配种期种狸的饲养管理…………………………（92）

（一）控制体重,避免过肥 ……………………（92）

（二）添加维生素 ………………………………（92）

（三）增加光照 …………………………………（92）

（四）多雄单雌配种 ……………………………（93）

（五）用中药催情 ………………………………（93）

七、雌狸妊娠期的饲养管理…………………………（94）

（一）准确判定妊娠母狸 ………………………（94）

（二）防止妊娠母狸流产 ………………………（94）

（三）充分供给所需营养 ………………………（94）

八、产仔和哺乳母狸的饲养管理 ……………………（95）

 （一）保持狸舍环境安静 …………………………（95）

 （二）判断仔狸能否吃到足够的初乳 …………（96）

 （三）增加饲喂量和提高饲料能量与蛋白质水平 …（96）

第八章 果子狸的繁殖 ……………………………（97）

一、果子狸的繁殖生理 ……………………………（97）

 （一）性成熟和适配年龄 …………………………（97）

 （二）发情年周期 …………………………………（97）

 （三）发情周期和排卵期 …………………………（98）

 （四）生殖激素 ……………………………………（99）

 （五）生殖激素与发情周期的关系 ……………（99）

二、果子狸的发情过程 ……………………………（100）

 （一）发情前期 ……………………………………（100）

 （二）发情旺期 ……………………………………（100）

 （三）发情后期 ……………………………………（101）

三、果子狸的配种方法 ……………………………（101）

 （一）配种的时间 …………………………………（101）

 （二）最适配种时机 ………………………………（102）

 （三）配种方式 ……………………………………（102）

 （四）交配次数 ……………………………………（103）

四、果子狸的妊娠过程 ……………………………（103）

 （一）胎儿的发育 …………………………………（103）

 （二）妊娠诊断 ……………………………………（104）

 （三）妊娠期 ………………………………………（105）

五、果子狸的分娩 …………………………………（106）

 （一）临产预兆 ……………………………………（106）

 （二）分娩过程 ……………………………………（107）

六、影响果子狸繁殖的因素 ……………………………（108）

　（一）驯化程度 ………………………………………（108）

　（二）体重指数 ………………………………………（109）

　（三）冬眠期光照强度 ………………………………（109）

　（四）管理不当引起产后食仔 ………………………（110）

七、果子狸年产两胎试验 …………………………………（111）

　（一）果子狸年产两胎的可能性 ……………………（111）

　（二）实施药物催情 …………………………………（112）

　（三）改变光照和环境温度催情 ……………………（113）

　（四）选择最合适的停乳和催情时间 ………………（113）

第九章　果子狸的选种和保种 ……………………………（115）

一、果子狸的选种标准 ……………………………………（115）

　（一）选种目标 ………………………………………（115）

　（二）选种标准 ………………………………………（115）

二、果子狸的选种与选配 …………………………………（118）

　（一）选种方法 ………………………………………（118）

　（二）选配方法 ………………………………………（119）

三、果子狸在驯养条件下的保种 …………………………（121）

　（一）驯养条件下遗传变异及近交的影响 …………（121）

　（二）小群体遗传结构的调整 ………………………（122）

　（三）果子狸的保种方法 ……………………………（123）

第十章　果子狸驯养场的建造 ……………………………（125）

一、场址的选择 ……………………………………………（125）

　（一）花果山式的环境 ………………………………（125）

　（二）地势高燥,背风向阳 ……………………………（125）

　（三）有充足的优质水源 ……………………………（125）

　（四）利于防疫 ………………………………………（125）

（五）土质坚实,无病原污染 ·················（126）

二、果子狸笼舍建造的要求 ·················（126）

（一）能控制舍内的小气候 ·················（126）

（二）笼舍内设置栖架 ·····················（126）

（三）笼舍要有适宜的活动空间 ···········（126）

（四）笼舍要设暗室 ·······················（127）

（五）笼舍要适应果子狸群体的结构 ·······（127）

三、果子狸笼舍的结构与形式 ···············（127）

（一）模拟生态式狸舍 ·····················（127）

（二）小群单列式狸舍 ·····················（128）

（三）双列式产仔狸舍 ·····················（129）

（四）笼箱式狸舍 ·························（130）

（五）地下产仔狸舍 ·······················（130）

四、狸舍的附属建筑 ·······················（132）

（一）隔离室 ·····························（132）

（二）消毒室和兽医室 ·····················（132）

（三）消毒池 ·····························（132）

（四）污物运送道与清洁道 ···············（132）

五、果子狸驯养场的平面布局 ···············（133）

（一）行政管理区 ·························（133）

（二）生产区 ·····························（133）

（三）辅助管理区 ·························（133）

（四）病狸隔离室 ·························（133）

第十一章　果子狸的疾病防治 ···············（134）

一、狸场的卫生与防疫 ·····················（134）

（一）预防为主,养防结合 ···············（134）

（二）健全防疫制度 ·······················（134）

（三）做好狸舍的卫生与消毒工作……………（135）

（四）疫病发生后的处理………………………（135）

二、果子狸疾病的检查与诊断 ………………（136）

（一）一般检查…………………………………（136）

（二）皮毛检查…………………………………（137）

（三）可视粘膜检查……………………………（138）

（四）体温检查…………………………………（138）

三、果子狸的保定和治疗技术 ………………（139）

（一）捕捉和保定………………………………（139）

（二）给药技术…………………………………（140）

四、果子狸病毒性传染病的防治 ……………（142）

（一）狸瘟热……………………………………（142）

（二）细小病毒性肠炎…………………………（148）

（三）传染性肝炎………………………………（151）

（四）狂犬病……………………………………（154）

（五）伪狂犬病…………………………………（157）

五、果子狸细菌性传染病的防治 ……………（160）

（一）巴氏杆菌病………………………………（160）

（二）大肠杆菌病………………………………（163）

（三）沙门氏菌病………………………………（166）

（四）布氏杆菌病………………………………（170）

（五）结核病……………………………………（174）

（六）李氏杆菌病………………………………（179）

（七）葡萄球菌病………………………………（181）

（八）链球菌病…………………………………（184）

六、果子狸寄生虫病的防治 …………………（187）

（一）蛔虫病……………………………………（187）

（二）钩虫病 ……………………………………（188）

（三）螨虫病 ……………………………………（190）

七、果子狸普通病的防治 ………………………（191）

（一）维生素缺乏症 ……………………………（191）

（二）佝偻病 ……………………………………（193）

（三）胃肠炎 ……………………………………（194）

（四）幼狸消化不良 ……………………………（196）

（五）肠便秘 ……………………………………（198）

（六）肺炎 ………………………………………（198）

（七）外伤 ………………………………………（200）

（八）食盐中毒 …………………………………（200）

（九）苦楝子中毒 ………………………………（201）

（十）霉变饲料中毒 ……………………………（202）

（十一）中暑 ……………………………………（204）

第十二章　果子狸毛皮与肉产品的利用 …………（205）

一、果子狸毛皮的开发利用 ……………………（205）

（一）毛皮的构造 ………………………………（205）

（二）毛皮的成分和理化性状 …………………（206）

（三）果子狸毛皮的特点 ………………………（207）

（四）原料毛皮的防腐、贮存及消毒 …………（211）

（五）果子狸毛皮的鞣制 ………………………（213）

二、果子狸肉产品的加工 ………………………（216）

（一）果子狸生熏腿的加工 ……………………（216）

（二）果子狸肉小肚的加工 ……………………（225）

（三）果子狸肉干的加工 ………………………（226）

（四）油炸果子狸肉的加工 ……………………（228）

（五）果子狸午餐肉罐头的加工 ………………（230）

(六)清蒸果子狸肉罐头的加工……………………（231）

(七)果子狸肉香肠的加工…………………………（232）

参考文献………………………………………………（236）

第一章 驯养果子狸的经济
价值和生态效益

果子狸（*Paguma larvata*），又称花面狸、青猺、香狸、白鼻狗、白额灵猫，属于特种经济动物，有较高的经济价值，并可以通过驯养，使其从野生状态转变为半野生状态，而被充分地开发利用。

一、驯养果子狸的经济价值

果子狸是毛皮、肉兼用的珍贵野生动物。其肉营养丰富，风味独特，肥而不腻，味道鲜美，是消费者所喜爱的、历史悠久的山珍。其皮毛绒厚而又柔软，是名贵裘皮，称"青瑶皮"，制成高档裘衣、皮帽，远销世界各地。果子狸的针毛可制作高档毛笔和毛刷。

果子狸秉性较温顺，容易与人接近。其食性广，群居性好，不苛求栖息地，能接受人造窝穴。因此，果子狸容易驯养，具有重要开发价值。

野生动物受国家法律保护，只有二级以下的保护动物，才能从事生产经营。果子狸就是属于这个范围内的野生动物，允许进行生产经营，驯养成为商品，在市场上销售。而从事果子狸驯养，还必须具备四证，即驯养许可证、经营许可证、运输许可证和检疫证。进行果子狸驯养，必须遵守野生动物保护法和有关规定。

二、驯养果子狸的生态效益

果子狸是亚热带地区典型的林缘野生动物,主要采食野果,鼠类也是它的食物之一,对维持亚热带林区的生态平衡有重要作用。由于亚热带是经济开发的活跃区域,林地锐减,使果子狸的生活环境恶化,生存空间越来越小,加上滥捕、滥杀,致使其自然种群数量大减。目前的自然种群与 20 世纪 70 年代相比,至少减少了 80%。例如 20 世纪 70 年代,湖南邵阳地区每年能收购果子狸皮 2 万~3 万张,到 90 年代几乎收不到 1 张。若采用人工驯养,人工繁殖,则可以使这一物种的野生资源得到有效的保存。人工驯养虽然可使果子狸性情温顺,失去某些野性,研究证明,动物行为是一种受基因控制的遗传性状,一旦恢复野生状态,其野性又可以淋漓尽致地表现出来。因此,发展人工驯养,是保护野生果子狸的有效措施。

三、果子狸驯养业的发展前景

一个物种的开发前途,取决于其本身的生物学特性和市场价值。果子狸性情温顺,易于驯养,对饲料要求不高,饲养成本较低。对疾病的抵抗力强,医药费开支少。生长发育快,6 个月即可出栏上市。果子狸肉是市场紧俏特种肉食,是餐桌上的特等佳肴。随着人民生活水平的提高,对特种肉类的需求也将日益增加。因此,其开发前景广阔。

人工驯养果子狸是解决保护野生动物资源和满足人们对这种珍贵肉类需求矛盾最有效的方法。人工驯养果子狸技术已经成熟,可以确保驯养成功,并取得较高的经济效益。可以预见,驯养果子狸将会发展成为一门新兴的养殖业。

第二章　果子狸的生物学特性

一、果子狸在动物分类
学上的位置及形态特征

(一)果子狸在动物分类学上的位置

果子狸为哺乳纲,食肉目,灵猫科,长尾狸亚科,花面狸属(果子狸属),属于小型哺乳动物。

果子狸具有食肉目动物的一些特性。体能强而有力,善于攻击,适于掠食性生活方式,捕鼠能力并不亚于家猫。具有发达的大脑,恒定的体温,生命力旺盛,能适应多种多样的外界环境。犬齿长,具有食肉目的特殊裂齿,善于捕捉食物和撕碎动物性食物。果子狸还有其独特的食性。以采食植物性食物为主,尤其喜食水果,这一点与食肉目其他近邻种截然不同。

果子狸具有灵猫科动物共性,攀登灵活,奔走轻快无声。腹腔大网膜极为发达,跳跃时保证内脏不晃动。果子狸会阴腺发育不全,不具备泌香功能。

(二)果子狸的形态特征

果子狸体躯瘦长,成年兽体长 45～65 厘米,体重 4.5～8千克。四肢粗短,外形酷似家猫。颜面狭长,鼻吻前突,鼻位于吻前端,孔大而潮湿,嗅觉灵敏。颈短而粗,伸缩灵活,转折自如。眼睛大而圆,眼球微突,晶体呈黄绿色,炯炯有神。两耳较小,耳壳薄,能摆动,听觉极灵敏。上唇背部两侧,左右共有20根长短不齐、黑白相间、富有弹性的八字胡须。

果子狸体背被毛深棕色,体侧色淡为灰褐色,喉部以及前胸均呈浅灰色稍带浅黄色。头、颈背部至肩脊,四肢末端及尾部呈棕黑色。尾端有一段约15～20厘米的黑毛或白毛区。从鼻端经额直至脑后,为一带状白斑,两眼上下、耳下至后腮各有对称白斑3块。头脸部被毛有7块长短、大小不同的白色斑块与棕黑色相间,呈黑白鲜明的特定脸谱,故称花面狸。这也是果子狸与大、小灵猫外貌的主要区别之一。

果子狸四肢粗短矫健,前肢略长于后肢,足具5趾,趾端有爪,锋利无比,抓捕时稍不小心,利爪抓得人伤痕累累。趾掌无毛,掌面皮肉增厚,颜色肉红,称之为足垫,富有弹性,从3～4米高处跃下,落地轻稳安全。尾长30～40厘米,约占体长的2/3,粗壮有力,跳跃、攀登时起平衡作用。

(三)果子狸亚种的形态特征

果子狸有17个亚种,我国有9个。现将我国7个常见亚种的特征介绍如下。

1. 指名亚种(*Paguma larvata larvata* Hamiltan-Smith)
本亚种体型中等,成年体重3～4千克,体长约59厘米(51～62.5厘米),颅全长约11.1厘米(10.4～11.6厘米)。无论冬、夏,毛均为灰黄色调,喉部灰白色,颈纹较显著,冬季颈纹细窄或消失。少数个体鼻额面纹与眼角斑之间连一细窄白线。背部冬毛针毛长4～4.5厘米,绒毛厚2.5～3.2厘米。指名亚种俗称小种果子狸。

2. 台湾亚种(*P. larvata taiwana* Swinhoe)　本亚种体型

最小，颈侧和喉部呈黑褐色，缺乏灰白色颈纹。头、颈、肩背、喉、四肢末端和尾均为黑色。面纹宽约 1 厘米，终止于颈部，无背纹。体背为黄灰色，背中央黑色调深浓。这一点与指名亚种不相同。

3. 秦巴亚种（*P. larvata reevesi* Matschie） 本亚种的被毛较指名亚种长，背部针毛冬季长 6～7 厘米，夏季长 4～5 厘米。冬季背部为苍白色或极淡的灰黄色。颈背部白纹完全消失。本亚种眼眶间较宽，头骨较大，颅全长约 11.6 厘米，体型较大。

4. 海南亚种（*P. larvata hainana* Thomas） 本亚种体背和体侧均呈棕褐色或棕黄色，体侧毛色不变淡。头骨有明显的矢状崤，颈毛末端倒向前方，与指名亚种显著不同。

5. 西南亚种（*P. larvata intrudens* Wrenghton） 本亚种体型较大，颅全长平均12.2厘米（11.9～12.7厘米），体色比海南亚种深浓，夏毛为焦棕色，冬毛为浓厚的赭褐色、赤红色或棕黄色。面纹和颈纹较宽，达及前肩部，黑白分明。这是本亚种显著特征。

6. 印缅亚种（*P. larvata negleeta* Pocock） 本亚种为喜马拉雅山区特有亚种之一。本亚种的特点是中央面纹在额部扩大，并与面侧的眼角斑、耳前斑相延续。头面斑纹明显，颈背不黑，与背部同为暗绿黄色。臀部和尾基比背部亮，多为棕色。冬毛较短而稀，背部针毛长约 4 厘米。

7. 察隅亚种（*P. larvata nigricaps* Pocock） 本亚种中央面纹在额部扩张与眼角斑相延续，此点与印缅亚种相似，头面部和颈部白斑退化，模糊不清，仅呈痕迹状。头为暗黑色，上体为淡乌黑色，体色深暗。

此外，还有七箐亚种和藏南亚种。

二、果子狸的地理分布

（一）果子狸的分布地域

据资料记载,果子狸是旧大陆(即东半球陆地)热带和亚热带林缘动物,其分布区域主要限于我国横断山脉以东和秦岭以南地区,即在大陆动物地理区的东洋区(主要是亚洲热带部分,包括南亚及中国南部)范围内。

据王福麟(1962)报道,他曾于1958～1977年对河北、山西、陕西的考察,发现果子狸在河南、山西、河北的分布区与陕西、湖北、安徽省的分布区相接,形成一个连续的自然分布区,可见果子狸的分布区北界已越过秦岭而向北推移。

根据现有的资料,果子狸在全国的现代分布,北起北纬40°附近的山西大同、北京西山以及内蒙古,但不超过北纬43°,向南不低于北纬21°。总的来说,果子狸喜温暖,害怕严寒,以北回归线附近分布最为集中。

（二）果子狸的小生态环境

在自然分布区内,并不是随处都有果子狸,它还需要适宜的小生态环境。

1. 隐蔽度高的巢穴 果子狸像其他野生动物一样,具有高度的警觉性。它为了躲避天敌和人类,常栖息于隐蔽的、环境植被以常绿阔叶林为主的、有大树遮蔽的山坡中,利用天然石缝、岩洞为巢窝,很少在荒山秃岭处建洞穴。

2. 环境温暖 不论在南分布区还是北分布区,果子狸都生活于海拔200～1 000米、气候温暖、延绵数十公里的群山中,海拔 1 000 米以上的寒冷山区及荒山秃岭一般没有野生果子狸。

3. 食物丰富　野果是果子狸的基本食物。林中种类繁多的野果,使果子狸不为食料而奔波,杜梨、山梨、柿、山杏、红果都是它最喜爱的食物。无野果的地方很少有野生果子狸。

4. 深山小溪旁　据曾雪影报道,果子狸栖息的洞穴,全在深山小溪旁边向阳山坡上。洞穴距溪流远的 32 米,最近的14 米。果子狸毕竟是食肉目动物,捕食小动物是获取动物性蛋白质的来源,溪中的小鱼、青蛙、鼠类都是它猎食的对象。栖息环境冬、夏有别,夏季洞穴常在距小溪较近、有大树遮蔽的山坡上,冬季多远离溪水,在杂草丛生、树木稀少的峭壁上筑巢穴居。

(三)果子狸亚种的形成与分布

1. 亚种的形成　亚种(Subspecies)是种内个体在地理上和生殖上隔离后形成的一类种群。它是种内的地理种群或生态种群,具有地理分布或生态上的不同,却仍然是同一物种。亚种之间可以相互配种,产生具有生殖能力的后代。

生活环境隔离、时间隔离和行为隔离是亚种形成的主要原因。例如海南亚种与分布于广东雷州半岛的指名亚种之间,由于琼州海峡的隔离,不能互为配偶,基因不能交换,因而形成不同地区的种群具有不相似的体形外貌。又因为不同地区的气候条件不一样,例如分布于秦岭的秦巴亚种,与产于台湾的台湾亚种,相距遥远,气候差异大,繁殖季节不同,因而形成了时间隔离。时间隔离使两个亚种之间的生活习性、行为特点、觅食方式出现差异,又形成了行为隔离。例如秦巴亚种和指名亚种之间冬眠的强度、时间、觅食时间、采食量、体重增减都有差异。

2. 亚种分布　指名亚种主要分布于我国东南部各地,包括浙江、福建、广东雷州半岛、广西瑶山、湖南南部和江西南部。台湾亚种仅分布于台湾省。秦巴亚种分布于安徽、湖北宜昌及神农架、湖南西部、重庆万州、四川雅安、陕西安康、山西中条山和大同、北京十三陵等地。海南亚种分布于海南岛。西南亚种分布于广西西部、贵州南部、四川西南部等地。国外见于越南、老挝、柬埔寨、泰国北部、缅甸东部。印缅亚种分布于云南西北部的贡山独龙河谷、泸水片马和西藏南部山区。国外见于缅甸北部和印度阿萨姆。察隅亚种仅分布于西藏东南部的察隅地区。七箐亚种产于云南西北部贡山七箐。藏南亚种,因资料缺乏,分类位置待定。

三、果子狸的生活习性

(一)食　性

食性是动物物种最基本的本性之一。果子狸是泛食性物种,以采食植物为主。据观察和剖胃资料分析,植物性食物达69.5%,其中野果是基础食物,占50%。凡是皮肉较软、略带甜味的野果,均是果子狸喜食的食物,不论果子的果核多大多硬,它都能吃掉果肉,将果核吐出,或整粒吞下而让核从粪便中排出。香蕉是它最喜食的食物,利用香蕉作为形成条件反射的优化刺激,有助于条件反射的形成。野草占10.7%,瓜菜8.9%,二者是果子狸的替代食物。只有在严冬或初春,野果缺乏时才采食一些瓜菜和植物的茎叶。

动物性食物占果子狸日食量的30.5%,是它的次要食物。动物性食物提供高质量的动物蛋白质,对果子狸的生长发育和繁殖有重要作用。鼠类是果子狸最喜食的动物性食物,占动物性食物的41%;其次是蛇、鸟、蛙、蚯蚓、小昆虫等。在春夏之交,常爬树掏鸟蛋或雏鸟食用,甚至时常潜入农家院落偷食鸡、鸭,其剔骨、留皮、食肉利索而熟练,技艺不亚于家猫。在驯养的条件下,用香蕉引诱,可以逐渐过渡到采食配合饲料,形成适应人工驯养的习性。

(二)栖息地迁移

果子狸在野生条件下,栖息地随季节而迁移。

秋末冬初,果子狸膘肥体壮,常在低凹、背风向阳的深洞中,开始一年一度的非连续性的浅度冬眠。冬眠期间居洞穴中,活动量减少,食欲下降,呈昏睡状态,在天气变暖时,才外出作短暂的觅食活动。

到初春,气候转暖,日照渐增,果子狸开始出洞活动。活动时间和活动量逐渐增加,除觅取食物外,就是寻求配偶,奔走呼唤,寻求异性。一旦找到伴侣,则双双对对,首尾相随,形影不离,准备繁育后代。

入夏时节,母狸进入妊娠期,为给幼仔营造一个安全的生长环境,常迁移至山多林深的安静、隐蔽、气候凉爽溪谷两侧,找洞穴居,准备产仔。溪边鱼虾丰富,鼠类繁多,为哺乳和养育幼仔提供了充足的动物性蛋白质。

到了秋天,果子狸进入最活跃的季节。母狸领着幼狸离开出生地,向野果成熟的灌木林转移,在黄昏、夜间、拂晓,母狸带领幼狸上树梢、登陡崖,漫山遍野采食水果。秋高气爽,果子成熟,果子狸采食量达到全年最高点,体内脂肪加速沉积,体重也达到全年最高点。过多的脂肪会影响生育能力,在野生环境中,它们也会采取减肥措施。夜深人静时,一个个从高高的树上向地面跳跃,然后又迅速爬上树梢,再向下跳,周而复始,上窜下跳,群众称之为"扮膘",意即减肥。在驯养条件下,不宜喂得过肥,以免果子狸不发情。秋末冬初,果子狸又回到了过冬巢穴,开始冬眠。

(三)昼伏夜行

果子狸是夜行动物,眼球大而微突,晶状体呈黄绿色,炯炯有神,能感受来自四面八方的微弱光线,具有敏锐的夜视能力,即使明月当空的夜晚,也走背光的路。果子狸白天隐居洞穴中,反应迟钝、嗜睡,处于蛰伏状态,减少体内的能量消耗。到了夜间,非常活跃,三五成群,开始"夜行"生活,有的攀在高大乔木的枝杈上,食野果、捣鸟窝;有的用后肢撑着身体直立,用灵活的前肢拨弄野果,捡食果实,一夜间可把1棵树上的果子全部扫光;有的到溪水边捕食蛇、鼠类,或取食田野中的瓜、薯类,偶尔潜入农家,盗食鸡、鸭。到了午夜时分,便跃到洞边的石上,聚集在一起休息,时近黎明,又回洞中。这便是果子狸1天的生活活动。

在驯养的条件下,果子狸仍然按野生的活动规律,一夜间有3个活动高峰,即黄昏、午夜和凌晨。不论任何季节,即使在冬眠期,晚上20~22时活动的时间最长,强度最大。

(四)群居习性

果子狸喜群居,这有利于集约化养殖。

果子狸在不同的生理阶段,其群居行为是不同的。在仔兽未成年阶段,群居以母狸为主体,仔狸为族群成员,至春天成年兽发情期族群解体。仔狸离开母狸,母狸又开始寻觅配偶,组成一雄一雌,或二雄一雌的配种群。在仔狸断奶以后的未成年阶段(即 10～12 月份),为果子狸的社群阶段,不同的家族和睦相处,群体扩大,大群体可达 30～50 只。在一年中,有族群、社群、配偶群 3 种群居形式。这 3 种群居形式不断地组成与解体,周而复始。在人工驯养的条件下,果子狸仍保持这些群居习性,有利于减少死亡,提高繁殖率。

(五)领域行为

果子狸是领域性很强的物种,以邻居组成群体,对内团结互助,纵使狸舍内有很多巢箱可供栖息,也极少独栖 1 箱,而是群集一起堆叠而睡,即使人为驱散,很快又聚集在一起,挤拥扎堆。群体占据一定的地域或居住的笼舍,拒绝其他个体进入。果子狸有集粪行为,定点排粪。粪堆是一种领域标记,示意别的个体不得入内。如果领域受到侵犯,则仰头竖毛警告入侵者,如果对方不退让,则奋不顾身冲向对方,咬上 1 口,又退回原地,不断发出急促的喳喳叫声。若入侵者再不逃离,则再次冲向对方,咬住不放,四肢与对方纠缠,直到一方认输,或入侵者逃跑,或自动退却,争斗才会结束。

雌狸的领域行为更为强烈,尤其在哺乳期间更加突出。其攻击行为可能与泌乳素的分泌有关,直到仔狸断奶后 1～2 个月才逐渐减弱。所以雌狸断奶后的并窝不能操之过急,否则很容易引起相互争斗,致伤、致残,甚至死亡。

(六)护仔行为

雌狸产仔后处于高度兴奋和警惕状态,除吃食和排便外,轻易不离开幼仔,一旦遇到外来惊扰,雌狸会发出"卟!卟!"的喷鼻警告声,并张牙怒视,作出反击姿态,让人望而生畏。在平时,如细心观察,可见雌狸前肢站立,后躯半蹲,安详地让仔狸吮乳,更多的时间是母狸侧体而卧,头尾卷曲,把幼仔搂于怀里休息。仔狸10日龄后能自由爬动,听到声响母狸会机警地将幼仔叼搂于腹部下面,保护起来。

至仔狸眼睛开,爬行能力增强,每天晚上母狸都将仔狸叼放在离洞口不远的地方,然后让其自己爬回洞里,并目不转睛地盯着乱叫乱爬的仔狸,稍有异常动静,迅速将仔狸叼回窝内。母狸的这一习性能培养仔狸识别窝穴的能力,训练仔狸在窝外排粪尿,而且可以增强仔狸运动能力,为出窝走路作准备。在整个哺乳期间,母狸对仔狸既耐心又慈祥,即使天气闷热难忍,被热得张嘴吐舌,也不会离开仔狸,耐心地把幼仔粪便舐食干净。

雄狸有强烈的父性行为。从配种、母狸妊娠、产仔、哺乳,都能随时保护母狸不受侵害,雌雄共育后代,直到幼狸长大,雄狸才离开母狸。

母狸临产前数天,公狸显得特别繁忙,不断往巢穴输送食物,母狸一般不出洞门。特别在母狸产仔期,雄狸守卫洞门,使母狸有一个安全的分娩环境。若有敌害入侵,则奋力搏斗或将敌害引向他方,保全母仔安全。据笔者调查,8位猎人在12月份至翌年2月间从10个洞穴中捕获的果子狸,每窝成年兽1雄1雌,幼年兽3～4只,说明了雄雌共育后代的事实。

(七)定点排粪

果子狸有较强的定点排粪习性。在通常情况下,总是将粪便排到较为隐蔽的固定地方,以免被天敌发现它们的踪迹,常跳到溪涧的岩石上,将粪便排到溪里,让溪水将粪便冲走,或蹲到山坑旁边,把粪便排到深坑中,也有将粪便排到草丛的泥洞中，而且多是同一群果子狸都将粪便排到一处，日久便堆得很高。有经验的猎人常根据粪堆大小与新旧，判定附近洞穴中有无果子狸和数量多少。

在人工驯养的条件下，果子狸往往将粪便排到墙角的阴暗处或狸舍较为潮湿的地方。刚会吃食的仔狸，有向盛水盘中排粪的习性，因而可以训练其在便盆排便。有少数果子狸将粪便排在卧室内，遇到此种情况，可在卧室内堆上砖块，只留卧室，迫使果子狸将粪便排在室外。

（八）吞草、吐草团习性

吞草、吐草团是一些食肉动物常见的生理现象。例如狗在野外吃草，尔后又呕吐。果子狸吞草、吐草团表现最为突出。据曾雪影报道，天将黎明时，常有果子狸坐在草地上，用前爪抓住粗长的草叶，不断地送到嘴里，然后用舌头将草折叠成团，不经咀嚼囫囵咽下，几小时后，又从口中吐出。据笔者观察，天寒季节，将干稻草置于笼舍内，同样可见到果子狸吞草，随后又从口中吐出，草团外面粘满了带血丝的粘液。这种吞草和吐草可能有清洗胃、促消化、防止消化道疾病的作用。又据曾雪影报道，果子狸在笼舍驯养的条件下，由于长期采食不到新鲜的青草，常患病毒性肠炎。曾雪影认为，吞食青草与预防病毒性肠炎有密切的关系。他举例说明，1984 年夏天，嘉华果子狸养殖场 64 只果子狸患病毒性肠炎，前后 10 天死亡 48 只，自从及时给果子狸投喂茅草后，其病毒性肠炎发生率明显降低。

四、果子狸的冬眠习性

（一）冬眠期的生理活动

1. 冬眠的阶段划分　果子狸似有控制周期冬眠的生理机制，这是长期进化中形成的，想通过控制环境温度、光照等条件来打破其冬眠习性，难度较大。

冬眠动物的体温可分为恒温期（非冬眠期）和异温期（冬眠期）。恒温期中动物维持恒定的体温，各种生理活动及调节相同；在异温期中，体温发生波动，生理活动在很低的水平上进行。

冬眠期体温的降低程度，深度冬眠动物的体温降得最低，接近环境温度，例如黄鼠、刺猬。浅度冬眠动物体温略有下降，例如熊降温3℃～4℃，果子狸降温1℃～2℃，貉降温2℃～3℃。

冬眠期分为入眠、深眠和出眠三个阶段。每一阶段由许多冬眠和觉醒交替形成的短周期，每个短周期的1次冬眠称为一个冬眠阵。所以果子狸冬眠不是一直眠到春天才觉醒，而是眠一段时间后，就自发苏醒，恢复到恒温状态，然后又进入下一个冬眠阵，如此反复直到出眠。

每个冬眠阵又包括入眠、深眠和激醒三个相。这是哺乳动物冬眠的重要特点，即冬眠是间断进行的。随着寒冷天气的加深，冬眠阵的期间逐渐增长，体温逐渐下降并趋于稳定，动物即由入眠阶段进入深眠阶段。随天气转暖冬眠阵的期间逐渐缩短，体温逐渐升高，动物进入出眠阶段。

2. 冬眠期的生理变化

（1）体温　体温下降是判断动物是否处于冬眠状态的重

要指标。深度冬眠动物体温下降到略高于环境温度 2℃～3℃,例如黄鼠 2.4℃～1.1℃,睡鼠 4.5℃～1.3℃。而浅度冬眠动物冬眠时体温略低于正常体温 1℃～5℃,而且与深度冬眠动物冬眠时失去运动能力的情况相反,依然能做协调运动,只是运动量减少而已。

(2)代谢 冬眠的意义在于节省能量消耗。深度冬眠动物的代谢仅为常温时基础代谢 1%～3%。浅度冬眠动物的基础代谢尚无报道,但体重、采食量下降十分显著。例如,果子狸 3 月份的体重仅为上年 10 月份的 73%,采食量仅为 18%。

果子狸冬眠时主要依靠体内贮存的脂肪来供应生理活动的能量。褐色脂肪是冬眠动物的能量库。褐色脂肪大量存在于脊髓附近和两个肩胛骨之间。褐色脂肪是多空泡型脂肪组织,冬眠前期脂滴饱满,是醒眠时快速产热的能源库。果子狸从冬眠中苏醒的时候,褐色脂肪通过氧化产生大量的热能,经静脉将褐色脂肪产热而加温的血液送到心脏,使身体回暖。所以果子狸经冬眠后褐色脂肪滴显著缩小。褐色脂肪的产热能力,在冬眠激醒中起重要作用。

(3)循环和呼吸 动物冬眠时,心率和呼吸频率都显著降低,血压下降,心脏输出的血量减少,例如黄鼠,在非冬眠期心率为 200～300 次/分,而深眠时为 3～10 次/分。

冬眠时的呼吸有两种方式:一种是缓慢的节律性呼吸,另一种是阵发性呼吸,即在若干次深呼吸以后出现长时间的呼吸暂停,例如刺猬的呼吸暂停可达 65 分钟。

值得注意的是,冬眠动物的心脏对低温的耐受性很高,普通恒温动物体温降到 20℃时即会因发生心肌纤颤而死亡。

(4)神经系统对刺激的反应 冬眠动物的中枢神经系统对低温的耐受性比非冬眠动物强得多,而中枢神经系统各部分受冬眠的影响却不尽相同。例如体温调节、心血管、呼吸及维持冬眠姿势的中枢依然维持活动,而条件反射活动、视感反射则受到抑制。冬眠时虽处于低温麻痹状态,而对外界的刺激仍保持一定的反应能力,其反应的敏感性和强度,因种、因时而异。

(二)冬眠习性的观察

生理活动的变化。据曾雪影观察,在广东每年从冬至到翌年的雨水之间是果子狸非持续性冬眠时间。在这段时间里,果子狸隐居于洞穴中,食欲退减,活动亦少,常呈半昏睡状态。张保良(1991)观察了陕西户县的果子狸,从12月至翌年2月底多栖息于窝内,活动减少,代谢率低,体重逐渐减轻,到3月体重最低。以上说明,不论是南方还是北方,果子狸均有冬眠习性。冬眠期消耗了秋季积贮的脂肪,出眠后便进入繁殖季节。冬眠对于其繁殖后代有重要的影响。

1994年湖南农业大学从湘西引入秦巴亚种果子狸31只,随后又从浏阳引入指名亚种20只,两亚种之间在体形和毛色方面均有差异。秦巴亚种体格较大,毛色为青灰色,而指名亚种体格较小,毛色呈黄褐色。将其置于笼中驯养,每笼为1公2母。笼内设有暗室和栖架,每只占0.9立方米的活动空间,饲喂配合饲料,冬眠期控制光照,白天暗光,夜间不照明。从中观察其体温、体重、呼吸频率、采食量、活动的规律。体温采用半导体体温计测定,于上午10时空腹称体重,在果子狸静止时观察呼吸频率,计算腹部的起伏频率,采食量以风干物质计算。观察结果如下:

1. 体温变化 果子狸年度体温变化,可分为恒温期和异温期。恒温期4~10月份,体温为38.47±0.36℃,白昼与夜

间无差异。异温期(冬眠期)体温略有变化,可以观察到三个不同的阶段:

(1)入眠期 12月22日至翌年1月5日(冬至至小寒),室内温度6℃,果子狸体温略有下降,白昼34.3±1.03℃,夜间36.52±0.78℃。

(2)冬眠期 1月6日至2月3日(小寒至立春),室内温度2℃~4℃,果子狸体温白昼33±1.34℃,夜间36.33±0.6℃。

(3)出眠期 2月4日至2月18日(立春至雨水),室内温度6℃~8℃,果子狸体温白昼37.6±0.36℃,夜间37.93±0.24℃。

2. 呼吸频率的变化 果子狸在入眠以后体温下降,机体的生理功能随之调整,需氧量减少,肺换气量下降,呼吸次数明显减少。果子狸有两种呼吸方式,一是浅表呼吸,二是深呼吸。在恒温期以深呼吸为主,浅表呼吸夹在两次深呼吸之间。在异温期浅表呼吸增多,两次深呼吸之间的间隔加长(表2-1)。

表2-1 果子狸冬眠期呼吸频率变化 (次/分)

| 观察时间 | 观察数 | 恒温期 | | 异温期 | | | | | |
| | | | | 入蛰期 | | 冬眠期 | | 出蛰期 | |
		深呼(次)	浅呼(次)	深呼(次)	浅呼(次)	深呼(次)	浅呼(次)	深呼(次)	浅呼(次)
10时	15只	15±1	35±2	5±1	22±2	2±1	19±3	17±1	25±3
22时	15只	16±1.5	12±1	12±1	29±3	5±1.5	21±4	19±2	29±2

3. 采食量的变化 采食量反映能量供求关系,入眠以后,随着冬眠的深化,果子狸生理活动的能量消耗逐渐减少,在冬

眠期中补充较少的能量,便足以维持较长时间的冬眠,因而采食量要比冬眠前少得多。入眠前的 9～10 月份采食量最大,进入冬眠期采食量分别下降 58%～76.7%。至出眠期采食量又逐渐增加。这说明动物冬眠时能根据能量的需要量来调节采食量。在冬眠期间,机体能量的需要也是不断变化的。

4. 体重的变化 果子狸进入冬眠期后体重逐渐减轻,出眠时减重最多。可能是消耗的能量较多的缘故。至 3 月份,果子狸秦巴亚种平均体重为 4.25 千克,是前一年 10 月份体重的 69.4%。指名亚种平均体重为 4.06 千克,是前一年 10 月份的 78.5%(表 2-2)。

表 2-2 果子狸冬眠期的采食量与体重变化

亚种	10 月份平均采食量(克)	冬眠期平均日采食量(克/只)			10 月份平均体重(千克)	冬眠期平均日减重(克/只)		
		入眠期	冬眠期	出眠期		入眠期	冬眠期	出眠期
秦巴亚种	456±30	115±12	106±10	110±14	6.12±0.61	22.8±1.6	29.5±1.8	32±1.3
指名亚种	203±52	102±10	85±9	103±12	5.17±0.42	22.7±2.0	26.0±3.1	29.7±1.3

注:采食量以风干物质计算

5. 活动规律的变化 果子狸活动是随季节而变化的。在非冬眠季节,随拂晓归巢,黄昏出窝,在冬眠期活动的时间缩短,强度减弱,睡卧时间增加。

在非冬眠期果子狸活动开始较早,5 时 30 分至 6 时便开始活动,寻找食物,随光照变强而返回窝室,也有延迟到 20 时才出窝的。21 时至 24 时活动强度最大,几乎都出来活动,排粪尿、攀登、相互嬉戏,随后活动减少,有的卧于小室内,有的趴在栖架上,黎明前,又出现一个小的活动高峰,随即结束活动。

　　入眠以后,开始活动的时间推迟到 19～20 时,但在 21～24 时绝大多数果子狸出来寻食,排粪尿,整理被毛,其余的时间都在酣睡,甚至发出阵阵鼾声。睡卧时四肢和尾藏于腹下,头颈向后弯曲,吻鼻贴腹股沟部,喜欢多只堆叠在一起,随着冬眠的深入,活动时间减少,强度减弱,只在 21～22 时出现 1 次活动高潮。出眠以后开始活动的时间提前,活动时间延长。

五、果子狸的生长发育过程

　　果子狸从出生到性成熟、体成熟至衰老死亡,可分为仔狸期、幼狸期、青年期和成年期四个生长发育阶段。

(一)仔　狸　期

　　从出生到断奶为仔狸期。此期约 45～50 天。初生仔狸体重 100～145 克,绒毛丰满,毛色较深,面纹明显,黑白相间,外形与成年狸相似。

　　初生时,仔狸双眼紧闭,听觉极差,7 天后耳孔开张,相继睁眼。20 日龄门齿显露,30 日龄长出犬齿,40 日龄生出臼齿。

　　仔狸期以母乳为其主要营养来源,1～10 日龄生长逐渐加快。20 日龄开始舐食饲料,25 日龄日增重最高,随后母狸泌乳量下降,生长速度减慢。

(二)幼　狸　期

　　从断奶至 6 月龄为幼狸期。这一阶段是果子狸生长高峰期,只是在断奶后 1 个月内,因断奶而处于应激敏感状态,生长发育受抑制,日增重只有 10 克左右。断奶应激期过后,生长

发育加快,日增重可达 20～25 克,6 月龄平均体重可达到 3.5
千克左右。随后进入浅度冬眠期。

(三)青 年 期

从 6 月龄到 20 月龄为青年狸期。在 7～8 月龄的浅度冬
眠期过后,即从 9 月龄至 18 月龄,是果子狸第二个生长发育
高峰期。此时果子狸的生殖器官发育成熟,已具备生殖能力,
身体各器官也发育成熟,其生长发育阶段基本结束。

(四)成 年 期

至 20 月龄,果子狸进入第二个冬眠期。此时睾丸或卵巢
增大,性细胞开始快速发育,到 24 月龄,第二个冬眠期结束,
果子狸即进入繁殖时期。公、母狸忙于寻找配偶,活动量大增,
体重处于低谷期。经过配种、妊娠、产仔、哺乳后,果子狸度过
炎热夏季,又进入积脂蓄膘阶段,随后又准备度过浅冬眠期。

第三章 果子狸的生理解剖特点

一、果子狸的骨骼形态

(一)头 骨

头骨由颅骨和面骨两部分组成。颅骨由成对的额骨、顶
骨、颞骨和不成对的枕骨、蝶骨、筛骨、顶间骨构成。面骨由口
腔和鼻腔的骨性支架构成(图 3-1)。

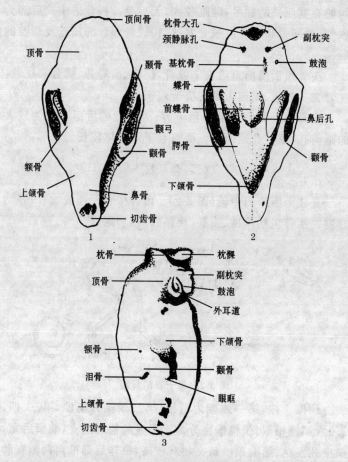

图 3-1 果子狸的头骨

1. 背面 2. 腹面 3. 侧面

头骨背面观可分为前、中、后三部分。前部为上颌骨、鼻骨和切齿骨,鼻骨较小,位于两上颌骨之间的内侧上方。切齿骨分为鼻突、腭突和骨体三部分。中部最宽为额骨和颧骨。中部两侧有宽而长的颧弓,眼眶较大,无后界。额骨居中。后部为顶骨,顶间骨和枕骨。顶骨发达,构成骨颅腔的顶壁及颅腔的后部。

头骨腹面由前至后为下颌骨、腭骨、前蝶骨、蝶骨和枕骨。枕骨大孔较大,周围为副枕突所包围。

头骨侧面眼眶的前部稍下方,上颌骨的后部下缘为较大的眶前孔,眶前孔短而大。颧骨和下颌骨体较长。

(二)脊 柱

脊柱为躯体的中轴(图3-2)。由各椎骨孔连成椎管,容纳脊髓。椎骨包括颈椎、胸椎、腰椎、荐椎和尾椎。

图 3-2 果子狸的骨骼

颈椎 7 枚,第一颈椎为寰椎,第二颈椎为枢椎,第三、四、五、六颈椎相似。颈椎横突分为不明显的前后两支,前窄后宽,横突孔发达。第七颈椎棘突相对较高,椎体后部椎窝两侧有肋后窝。

胸椎 13 个,椎体短,棘突不发达,横突粗短,前 4 个胸椎棘突垂直向上,第五至第十胸椎棘突斜向后,第十一至第十三胸椎棘突斜向前,无独立椎间孔。

腰椎 7 个,椎体粗大,棘突基部宽,向前方倾斜,尖端较细,关节较发达但不嵌合,前 3 个腰椎横突不发达,后 4 个腰椎横突稍大,斜向前方腹侧,横突基部的后方有小副突。

荐椎 3 个,愈合成一块荐骨,第一荐椎形成荐骨翼,耳状关节面与髂骨构成关节,椎体前缘腹侧稍向前下方突出,称荐骨岬,荐椎具有 3 对背侧孔和盆侧孔。

尾椎数目较多,介于 24～31 个之间。前 5 个尾椎具有椎骨的一般构造,即由椎体、椎弓和突起三部分构成。后面的尾椎逐渐退化,失去了椎骨的一般构造,只有圆柱形的椎体,前 3 个尾椎椎体较短,后面椎体逐渐变长。

(三)肋骨、胸骨和胸廓

肋骨与胸椎数目相同,为 13 对。其中直接与胸骨相连的真胸肋 8 对,非胸肋 5 对,其中有 1～2 对浮肋。胸骨共 7 节,由胸骨柄、胸骨体两部分构成,胸骨柄明显,胸骨后面形成板状,为剑状软骨。

胸廓由胸椎、肋骨、肋软骨及底部的胸骨围成,为截顶的圆锥形。胸前口较小,呈横椭圆形。胸后口较大,向前下方倾斜。肋软骨较长,约占肋长的 1/3,因而胸廓容积增大,这就为加强果子狸的呼吸功能提供了结构基础。

(四)四 肢 骨

1. 前肢骨 由肩胛骨、肱骨、前臂骨和前脚骨组成。

肩胛骨扁而宽,冈上窝比冈下窝大,其前缘呈弧形并稍向内弯,肩胛冈呈嵴状突起,肩峰发达,乌喙骨和锁骨高度退化成喙突。

肱骨细长而直,约 9.2 厘米,骨体呈扭曲圆柱形,近端肱骨头宽大,外侧为大结节,小结节不明显,远端形成宽大的滑车状关节面,冠上窝内上方形成明显的滑车上孔,供血管神经通过。

前臂骨由桡骨和尺骨构成,桡骨较短,尺骨较长而发达,两骨间间隙明显,仅两端结合在一起,桡骨近端有关节面,较小,与肱骨滑车关节面之间形成肘突。前臂骨远端与腕骨构成关节。

前脚骨分腕骨、掌骨和指骨及籽骨。腕骨由二列共9枚组成,近列4枚,远列5枚。指骨5枚,第一枚由两个指节骨组成。其余由3个指节骨组成,第三个指节骨略呈爪状。掌骨与第一指节骨之间构成系关节。每个系关节掌侧有2枚籽骨,在第二、三指节骨之间的掌侧无远籽骨。

2.后肢骨　由髋骨、股骨、小腿骨和后脚骨组成。

髋骨由髂骨、坐骨和耻骨愈合而成,前宽后窄,左右髋骨分开,不形成骨盆联合,为开放式骨盆(图3-3)。这说明果子狸骨盆可塑性大,不易发生难产,有利于繁殖。同时也与果子狸捕食时需蹲伏以等待时机猛扑上前的捕猎习性有关。髂骨的前端为髂骨翼,不发达,无明显的髂结节和荐结节,其内侧有与荐骨构成关节的耳状关节面。坐骨平直无明显的坐骨结节,闭孔大,呈纵长椭圆形。髋臼宽大而浅,其后部缺刻不完整。

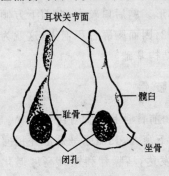

耳状关节面

髋臼

耻骨

坐骨

闭孔

图3-3　果子狸的髋骨

股骨是四肢骨中最长的骨头,长约10.2厘米,股骨头较长,有韧带窝,大转子较前肢肱骨大,结节大而明显,有转子窝,远端背侧有膝滑车,短而宽。

膑骨扁小。膝滑车后部的股骨内、外髁较发达。

小腿骨由胫骨和腓骨组成，长约9.35厘米，几乎与股骨等长，胫骨位于前内侧，粗大。腓骨位于后外侧，细长，与胫骨等长。胫骨、腓骨间存在明显的小腿间隙。

后脚骨分跗骨、跖骨、趾骨及籽骨。跗骨3列，跖骨5枚，共5个趾，第一趾由2个趾节骨构成，其余有3个趾节骨。跖骨和第一趾骨构成系关节。每个系关节跖侧有2枚籽骨，第二、三趾节骨跖侧无远籽骨。

二、果子狸的内脏器官

果子狸的内脏器官由消化系统、呼吸系统、循环系统、泌尿系统、生殖系统等构成(图3-4)。

(一)消化系统

消化系统由消化管和消化腺两部分组成。

1. 口腔　口腔分为前庭部、颊部和口腔本部。

2. 牙齿　成年果子狸牙齿32枚，齿式为：

$$\frac{3 \cdot 1 \cdot 2 \cdot 2}{3 \cdot 1 \cdot 2 \cdot 2} = 32$$

门齿较小，齿冠边缘尖锐，有缺口，形成3个片状齿尖。犬齿较长，大而尖。上前臼齿排列较为紧密，齿隙较小，前3枚呈锥状，单尖，略扁。中央齿较大且尖锐，呈三角形的三尖齿形，有撕裂肉食的作用，故称裂齿。

3. 舌　舌在咀嚼和吞咽中有搅拌和推送食物的作用。果子狸舌头灵活，伸缩性较大，舌中有纵沟，具有舐食液体的功能。舌呈柳叶状，由舌根至舌尖逐渐变窄，舌长8.5厘米，宽2

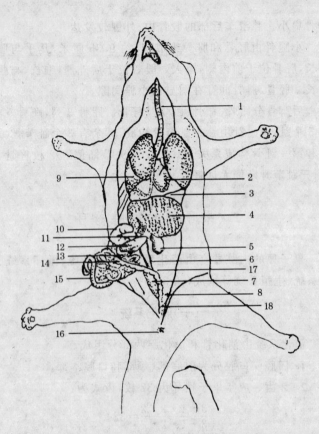

图 3-4 果子狸的内脏器官

1. 气管 2. 心脏 3. 膈 4. 肝脏 5. 肾脏 6. 输尿管 7. 膀胱

8. 生殖器(雄) 9. 肺脏 10. 胃 11. 胆囊 12. 脾脏 13. 胰腺

14. 盲肠 15. 小肠 16. 肛门 17. 大肠 18. 直肠

厘米,重约12.3克。舌分为舌尖、舌体和舌根三部分。舌尖和舌体背面密布高度角质化的丝状乳头,向舌根方向倾斜排列,乳头粗硬,所以果子狸舌可以舔除附在骨上的肉。舌头后部中线两侧各有 1 个轮廓较大的乳头,在两个乳头的稍后方,还有 1 个轮廓同样大小的乳头,三者构成三角形排列。

4. 腭　形成口腔的顶壁,硬腭向后与软腭连接。硬腭的粘膜厚而坚实,上皮角质化,粘膜中无腺体。硬腭的前部分有 3 条大的"V"形腭褶,此处无腭缝,腭褶覆盖硬腭前部,与第二前白齿平行。腭褶以腭缝为界,左右对称排列。最后一腭褶与最后白齿平行。

5. 食管　食管是连接胃和咽的管道,全长约 26～28 厘米。食管起始于喉和气管背侧,至颈中部渐偏至气管左侧,在胸前口处经前肢静脉和上腔静脉分枝处背侧进入胸腔,穿过膈的食管裂孔进入腹腔,与胃贲门相接。食管伸缩性较大,在未进食时,管壁粘膜集拢成若干皱褶,几乎将管腔闭塞。食管的结构与呕吐功能有关。

6. 胃　胃为单胃,排空胃呈"U"形。贲门宽 3.5 厘米,胃中部 4.7 厘米,幽门前 4 厘米,到幽门处突然变窄,幽门宽约 2 厘米。胃容积约 450 毫升,空胃重约 40.5 克。胃大部分位于左季肋区,小部分位于右季肋区,前壁邻接肝,与膈平齐,达 12 胸椎下方,后壁抵 2～3 腰椎水平。

果子狸胃腺发达,根据胃腺所在部位不同,分为贲门腺、幽门腺、胃底腺,各腺区之间分界明显,没有无腺区,其中胃底腺为胃腺的主要部分。胃底腺由主细胞和壁细胞组成,主细胞数量相对较少,壁细胞数量较多,这与果子狸以植物性食物为主的食性有很大的关系。壁细胞以分泌盐酸为主,主细胞以分泌蛋白酶原为主。因此,饲料配制要注意胃腺体的生理功能,蛋白质含量不要过高。

果子狸胃粘膜肌较发达,由内环肌和外纵肌两层平滑肌构成。肌层由内斜肌、中环肌和外纵肌 3 层较厚的平滑肌构成。因而胃的伸缩性很大,胃内容物排空很快。

7. 肠　肠包括小肠和大肠。小肠包括十二指肠、空肠和回肠。十二指肠长度 15～18 厘米,重 6～7 克。空肠最长,有很多盘曲,长度 180～200 厘米,重 80～100 克。回肠的弯曲较少,管壁较厚,长度 70～80 厘米,重 25～35 克。小肠总长度 265～298 厘米,总重量 111～142 克。大肠包括盲肠、结肠和直肠。盲肠为圆锥形突起,长 3～3.5 厘米,重量约 3 克。结肠长度 13.5～14 厘米,重 12～15 克。直肠长度 10～12 厘米,重 15～17 克。大肠总长度 26～29 厘米,总重 30～35 克。大小肠之总长度比为 1：10.3。肠的总长度为体长的 4.5～5.5 倍。肠的容积约 400～500 毫升。

小肠是营养物质消化吸收的主要场所,小肠粘膜表面布满肠绒毛,十二指肠绒毛形如叶状,分布密集,空肠绒毛如指状,小肠绒毛四周衬以单层低柱状上皮细胞,上皮细胞游离面附着许多微绒毛,小肠上皮柱状细胞之间夹有杯状细胞,从前往后逐渐增多,至十二指肠中段分布减少。小肠粘膜固有层被大量的肠腺占据,肠腺上皮与绒毛上皮呈连续分布。这些组织结构有利于营养物质的消化和吸收。在十二指肠前段的粘膜下层分布大量的十二指肠腺,能分泌碱性肠液,能中和从胃内送来的酸性食糜。

8. 大网膜　果子狸大网膜很发达,重 45～50 克,从十二指肠开始,沿胃延伸,经胃底连接大肠,脾、胰脏都附着在上,中间形成 1 个大的腔囊,固定胃、肠、脾和胰脏,保护胃、肠等器官,在果子狸激烈跳跃时使内脏不晃动,对于保胎也有重要作用。

9. 会阴腺与肛门腺　会阴腺位于肛门腺和生殖腺之间,折成垂片状,形如贮存囊,分左右两半,横径 1.5 厘米,纵径 5

厘米。中缝处有许多小的开口。行使信息功能,在繁殖季节分泌物增加,中缝处湿润,红肿,缝间增大,露出阴茎。肛门腺位于肛门两侧,直径约 1.5 厘米。肛门腺是自卫腺体,遇到干扰或敌害,肛门腺能喷射出特殊臭味的黄色液体。肛门腺又能分泌信息激素,繁殖季节分泌活动增强,喷洒于粪便上面,公母相互闻嗅粪便,并发出"扑!扑!"鼻声,表示求偶即将开始。

(二)呼吸系统

呼吸系统由鼻腔、咽、喉、气管、支气管和肺组成。

鼻孔较小,是鼻腔的出口,由两侧鼻翼组成。鼻腔由鼻中隔分成两部分,且被鼻甲骨所支撑。内表面被覆粘膜,鼻后部有嗅神经分布的嗅粘膜覆盖,是果子狸的嗅觉部位。果子狸嗅觉十分灵敏。

喉由甲状软骨、环状软骨和会厌软骨组成喉的骨架。喉腔分为三部分:上部为喉的前庭,它的尾缘为假声带,震动时发出"呼噜!呼噜!"的声音,果子狸睡眠时常发出这种声音,冬眠时更为响亮。第二部分为假声带和真声带之间的空腔。声带和软骨环之间的空腔构成喉腔第三部分,很狭窄。喉的结构与猫极为相似。

气管和支气管是呼吸时空气的通道。气管壁为软骨环所支持,内表面有纤毛上皮粘膜。气管由喉向后沿颈部腹侧正中线而进入胸腔,然后分为左、右支气管,分别进入左、右肺。肺呈粉红色,位于胸腔内,是吸入空气与血液中气体进行交换的场所。左肺 3 叶,右肺 4 叶,右肺比左肺大,肺重约 23.6 克。

(三)泌尿系统

泌尿系统由肾、输尿管、膀胱和尿道三部分组成。

肾表面平滑，多乳头，不分叶，呈蚕豆形。左肾重约 8.9 克，右肾重约 11 克，总重约为 19.9 克，为体重的 0.49%。肾腹面被腹膜覆盖，表面上有一层疏松纤维膜包围，被膜内可见到丰富的被膜静脉，其特征与猫肾相似。

输尿管左右各 1 条，起始于肾门，沿腹顶壁向后伸延至盆腔，斜穿膀胱近底左右侧壁，开口于膀胱。

膀胱呈梨形，位于腹腔后方直肠的腹面，收缩性比较大。膀胱空重约 5 克，容积 75 毫升左右。

（四）生殖系统

雄性生殖系统由睾丸、附睾、副性腺、阴茎组成。雌性生殖系统由卵巢、输卵管、子宫和阴道、阴门组成（图 3-5）。

1. 雄性生殖系统

（1）睾丸　睾丸成对，位于左、右股部内侧的阴囊内。外观为豆形，淡粉红色，表面光滑，两个睾丸略呈"八"字形排列。睾丸头端向前，尾端向后，其纵轴呈水平状态。睾丸随季节而出现周期性的变化。在繁殖季节的 2～6 月份，纵径 2.5～2.8 厘米，横径 1.5～1.9 厘米，单睾平均重 248.3 毫克，于 5 月份的精量高，精子密度大、活力强，具有较高的授精能力。8 月份以后，睾丸体积显著缩小，纵径可减至 1.55±0.84 厘米，横径则缩到 0.92±0.33 厘米，单睾丸平均重量降至 185±0.76 毫克，精液品质恶化，出现无精现象，不具备授精能力。

果子狸睾丸组织小隔发达，将睾丸分隔成许多睾丸小叶，小叶与小叶之间相隔较宽。间隔中有结缔组织、丰富的血管、神经和少量的间质细胞。

繁殖期睾丸曲细精管排列紧密，管壁上有 1 层基膜，排列着支持细胞和精原细胞。精原细胞内侧为初级精母细胞，初级

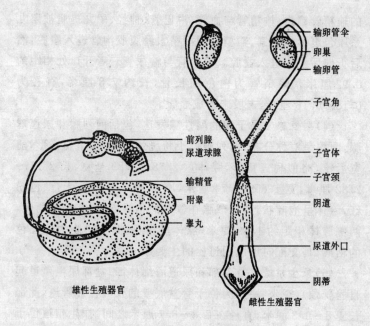

图 3-5　果子狸的生殖器官

精母细胞内侧为次级精母细胞,次级精母细胞内为精细胞与精子。精子呈杆状,聚集于曲细精管管壁或附着于支持细胞上。休情期(8～11月份)睾丸曲细精管排列较疏松,管与管之间距离较大,未见到精细胞,但休情期后期(12月份至翌年1月份),个别曲细精管有较多的精母细胞,且有少量精细胞和少量精子,此时处于性活动前期。

　　(2)附睾　果子狸附睾相对较发达,呈长条状、乳白色,附睾紧贴在睾丸内侧,由前向后延伸,至睾丸中部变细,壁厚呈细管状。在附睾尾部高度弯曲呈岛状。然后再延伸向前至睾丸内侧中部离开睾丸,延续为输精管。

　　(3)输精管　由附睾管直接延续而成,位于睾丸内侧中部的输精管褶内。输精管与血管、淋巴管、神经、睾丸提肌被睾丸系膜包裹形成精索。输精管则沿精索经腹股沟管进入腹腔,然后折向后上方进入盆腔。输精管与输尿管二者开口处相距约0.92厘米。输精管为白色细长管,长约7.8厘米,直径为0.15～0.16厘米,末段未形成壶腹。

(4)副性腺 果子狸的副性腺发达,包括前列腺和尿道球腺,两腺呈对称分布。前列腺位于膀胱颈的后方,呈扁平形,前宽后窄,略似扁三角形,腺体重2.78～2.89毫克,长2.71～2.82厘米,宽1.65～1.74厘米,厚0.58～0.67厘米,颜色粉红,腺体呈泡叶状。尿道球腺在睾丸的稍后方,阴茎基部两旁,两侧腺体相距约1.89厘米,腺体呈肉色,其分泌物为橘红色的粘液,是交配时形成阴道栓的主要成分。

(5)尿生殖道 分盆部和尿道海绵体部。盆部尿生殖道起自膀胱颈直至坐骨弓,为位于骨盆底壁的长圆柱形管道,此部长4.8～6.3厘米,直径在2.8～3.7厘米之间。尿生殖道位于阴茎海绵体腹侧的尿道沟内,外面包有尿道海绵体和球海绵体肌层,此部较短,长2.3～2.5厘米,直径2.6～3.7厘米之间。

(6)阴茎 起始于坐骨弓,然后绕过坐骨弓前下方在骨盆腔前腹侧处弯曲折转向后,形成小的"乙"状弯曲,进入包皮。阴茎呈圆柱状,全长9.88～10.32厘米,直径0.93厘米,不形成弯曲。阴茎游离部长约4～5厘米。阴茎头呈圆锥形,长约3.2～4.3厘米,表面光滑,前端有阴茎棘。尿道口外呈小的裂隙状,位于阴茎头前端阴茎棘的背侧面。阴茎游离中段表面具有百余个呈小圆锥形、尖端朝向阴茎根方向的小突起,接近阴茎头的小突起,逐渐缩小,小突起排列整齐,界限明显。在交配过程中,阴茎频繁抽动,小突起与阴道粘膜摩擦,还见到雌兽的阴唇面布满了出血点,对刺激排卵有重要作用。果子狸不具有阴茎骨,这与其他食肉目动物不同。

2. 雌性生殖系统

(1)卵巢 左右各 1 个,呈扁豆状,重约 0.4 克,由卵巢系膜悬吊于腹腔腰部。右侧卵巢距右肾后下缘 1.01～1.15 厘米,左侧卵巢紧贴左肾下缘。卵巢随繁殖季节不同而出现周期性变化。每年 2～7 月份为繁殖季节。在繁殖季节中,卵巢明显增大、变厚,纵径 0.92～0.95 厘米,横径 0.58～0.61 厘米,厚 0.35～0.43 厘米。休情期卵巢随之缩小,纵径 0.6～0.71厘米,横径 0.49～0.52 厘米,厚 0.2～0.31 厘米。

(2)输卵管 前端形成输卵管漏斗和输卵管伞,末端与子宫角相连,是输送卵子和受精的场所。左侧输卵管长 6.7～8.2 厘米,右侧输卵管长 7.5～8.9 厘米,两侧管径为 0.98～1.01 厘米。

(3)子宫 果子狸属对称双角子宫,包括子宫角、子宫体和子宫颈。子宫角长 4.90～5.12 厘米,直径 1.8～1.91 厘米,呈淡红色细管状,子宫体长 4.1～4.32 厘米,直径 2～2.2 厘米,呈粉红色、圆筒状,小部分位于盆腔,背侧为直肠,腹侧为膀胱。子宫颈为子宫体的延伸,壁较厚,发情期子宫内膜形成4～6 个纵行皱褶。

(4)阴道与阴道前庭 阴道为交配器官,与子宫颈相连,不形成阴道穹窿,粘膜呈粉红色,全长 3.9～5.3 厘米。

阴道前庭既是交配器官,又是产道和尿液排出的通道。呈扁管状,前端腹侧有阴瓣与阴道为界,后端以阴门与外界相通。在腹侧壁上紧靠阴瓣的后方有尿道外口,尿道外口后方两侧有前庭小腺和前庭大腺开口。

(5)阴门 位于肛门下方,以短的会阴与肛门隔开,由左、右不发达的两片阴唇构成,形状较钝圆,无突出的阴蒂。

第四章　果子狸的驯化

一、驯化的概念

在了解驯化含义之前,有必要对野生、野化、驯服和驯化的含义加以区别,便于对驯化含义的理解。

野生是指野生动物。野生动物特点之一是严格选择栖息地。它们的栖息地十分隐蔽,不易被天敌发现。为防敌害,使它们形成了警觉、小心翼翼的精细行为。如果栖息地的幼仔被天敌发现,它们甚至对亲生幼仔毁踪灭迹。野生动物虽经远距离窝巢活动,却能毫无差错地返回栖息地。研究证明,野生动物对栖息地选择具有种族的遗传特色和早期生活经验的影响。

野化是指已经被驯化的动物,经释放或逃脱又返回到自然环境中,人工选择的作用没有了,代之以自然选择的压力,许多行为习性又恢复到野生状态。

驯服是指野生动物通过人类的长期饲养,使其逐渐失去野生状态时的活动习性,易于接近人,让人触摸,对人类产生一种依赖关系的过程。要使野生动物驯服首先要解决捕获后应激反应和采食等问题。

现代有关驯化的定义是,人类采用圈禁和长期遗传改良的手段,使野生动物从自然选择,以满足自身生存需要,转向人工选择,以满足人类需要的方向发展。这个过程是动物、驯化工作者、动物栖息地环境三种因素长期相互作用的过程,其中驯化工作者起主导调控作用。

遗传因素的改变是驯化成功的主要原因。人类通过定向培育,交替应用近交与杂交,选优汰劣,改变了野生动物的基因频率,使野生动物体型增大,花斑被毛色素改变,头颅颜面缩短,生长速度加快,更适合人类的饲养和需求。圈禁是驯化中行为变化的强有力因素。由于圈禁作用迅速阻断果子狸与大自然的联系,使其失去自然选择的机会,同时又导入了人工选择的因素,使基因型失去了稳定性,因而产生一系列的行为变化。

人在动物驯化过程中起主导作用,驯化的动物对人有依赖性。人和驯化动物间建立一种亲和关系,人才能顺利管理被驯化的动物。相反,人不与动物建立十分融洽的关系,动物对人处处怀有戒心,时常处于惊恐中,则很难驯化成功。

当果子狸进入驯养以后,在圈禁的情况下,拥挤打破了栖息地的领域性,而对摄食、性行为及护仔行为产生抑制效应。而改变栖息地,便于合群,减少争斗。但固定栖息也会引起剧烈争斗,咬伤皮肤、嘴及身体其他部位,甚至将外来者咬死。果子狸在群养条件下,由于栖息地的打破,护仔行为变得非常凶狠。

二、果子狸驯化的特征

果子狸是具有驯化前景的野生经济动物。实行果子狸驯化饲养,不但能有效保护野生资源,而且可以丰富市场食品和用品种类,具有重要的生态和经济意义。其驯化的特征如下。

(一)群体结构的特征

果子狸在驯养条件下,众多个体乐于堆集于一个窝室内,躺卧时相互堆叠,连头也彼此藏于对方身下,只见到一个个鼻孔从堆集中伸出。在群体中和谐相处,维持群体的稳定性。雄、雌混居,实行1雄2雌或2雄3雌配制,利于提高繁殖效率。群居习性便于集约化饲养,提高了饲养密度。从群体结构来讲,果子狸便于驯化饲养,便于管理。

(二)繁殖行为的特征

果子狸雌、雄长年混居,繁殖季节从1月底至7月初,长达6个月时间。雄性睾丸与雌性卵巢产生具有受精作用的性细胞重叠时间长达5个多月。雌性属于季节性多次发情动物,1个繁殖季节有5～6个发情期,而雄性在生殖季节中始终处于交配期中,直至7月初高温季节才失去性欲。故雌狸受胎机会多,繁殖率较高。

果子狸雄、雌之间,以行为和姿态表达求偶信号。雄狸在整个配种阶段都处于性欲冲动状态,主动控制交配过程,每次交配10～15分钟,雄狸经30～60分钟休息,可再次交配,每晚交配5～6次,雌狸1个情期4～5天,可交配20～25次之多。

果子狸属于多配体系,雄性无固定配偶,雌性有充足的性选择机会,有利于优良基因的传递。

(三)亲仔关系的特征

果子狸属于晚成性产仔,仔狸出生以后全身无毛,耳孔闭塞,眼睛紧闭,在雌狸的怀抱中度过7～10天睡眠期,此时很容易接受人工饲养与人工抚养,通过印记建立与人的亲密关系。经人工抚育长大的仔狸,对人的印记终身不忘,任主人接近与抚摸。

仔狸的防御与攻击反射大概在 40～50 日龄形成,此时断奶离开母狸,进行 T.G.C 处理。T 为英文 Tender 的第一个字母,意为温驯。G 为英文 Gentle 的第一个字母,意为驯服。C 为英文 Care 第一个字母,意为爱护。从生后 15 天即睡眠期结束,开眼期开始每天进行 T.G.C 处理,即抚摸、捧抱、说温顺言语 15 分钟,仔狸变得越来越温顺,失去了攻击行为,长大以后也很温驯。T.G.C 处理实际上是利用仔狸的印记,是一种印记操作。

(四)对人的反应

果子狸易建立对人的依赖关系。从野外捕获的幼龄果子狸,经过驯养 1 年便可以在驯养条件下繁殖。成年果子狸经过 2～3 年的驯养,也能在驯养条件下繁殖。一般而言,食肉动物较为凶猛,这与它们的捕食行为有关,而果子狸是食肉动物中最易与人建立依赖关系的种类。

(五)其他特征

果子狸能较快适应环境的变化,不需要独特的栖息地,易于完成由野生到家养的过渡,能耐饥饿,容易适应家养环境。

三、果子狸的驯化方法

(一)新捕捉果子狸应激期的管理

1. 设置暗室　新捕捉的果子狸,由于栖息地的改变,出现一系列应激因素,例如强光、声响、动物的嘶叫、食物改变等,形成了强烈的不良刺激,使果子狸出现高度的应激反应,引起不停嚎叫、全身震颤,处于高度的紧张状态。好在果子狸对新环境有大的忍耐力,一般不会发生伤亡等不良后果。

为了减少应激因素,使果子狸安全度过应激期,可在笼舍内设置光线暗淡、干燥、通风良好的暗室,避免强光刺激,隔绝声响刺激。这对于度过捕后应激期有重要作用。

暗室结构要便于观察、清扫卫生和管理,暗室大小为 50厘米×40 厘米×35 厘米(长×宽×高),两层中间垫竹片,利于通风,下层悬空 20～30 厘米,四面以预制板组成,仅在一侧留 15 厘米×20 厘米小门,便于果子狸出入。果子狸进入暗室,紧张状态随即缓解。这对于克服捕捉后的应激反应、减少发病十分有利。

2. 逐步转换饲料　新捕捉的果子狸多拒绝进食。果子狸较耐饥饿,绝食 1 周不会危及生命。然而让其尽快进食,仍是捕后最重要的管理措施。

为此,应投喂果子狸最喜食的香甜水果。香蕉是对果子狸最具有诱惑力的食物,只要将香蕉放入暗室内,香蕉散发的香味,会很快引起果子狸的食欲,在夜深人静时,便会将香蕉偷吃光。从此,果子狸便会开始采食,而不再拒食了。

果子狸吃食后,要转换饲料,逐渐过渡到采食配合饲料。

当果子狸采食了香蕉之后,进一步将香蕉掺入米粥内投喂,米粥由少到多,香蕉由多到少,然后除去香蕉,逐渐加入多种谷物,例如玉米、麦麸、米糠。经1个月后,再加入食盐和鱼粉。3个月后加入维生素、矿物质、氨基酸,即可以完成由吃野食到吃全价配合饲料的转变。

3. 建立与人的亲和关系　要改变果子狸的野性,使它接受人的管理,可以食物为诱饵,增加其与人的接触机会,减少果子狸对人的恐惧,建立与人的亲近关系,改变其攻击性。

其方法是:用1根长约50厘米的小铁棒,末端为钝的铁叉,叉上香蕉或鱼肉,专门喂笼群中的1只,并给予口哨声刺激,起初可能出现龇牙咧嘴的攻击反应,咬住铁叉不放,经几次调教之后,果子狸便习惯于接受食物,尔后一边用铁叉喂食,一边用小木棒给其擦痒,并吹口哨,训练一段时间后,果子狸与人就会更加亲密,便失去攻击性了。训练好1只后再训练另1只,不断增加驯化果子狸数量。

(二)培养听信号就食的习惯

为了使果子狸在规定时间、固定地点吃到足量的食物,在投食前,吹哨1分钟,作食前信号,随后投给食物,让果子狸取食。在吃料过程中,继续吹哨3分钟,作食间信号。每次供食15分钟,到时立即取走剩余饲料。使果子狸养成听到哨声就到固定位置取食的习惯。此项训练5～7天便可完成。

(三)设置适宜的笼舍

湖南农业大学特种经济动物研究所的科技人员曾设计两种不同的笼舍作试验:一种在笼舍内设置0.073立方米的暗室,果子狸白天隐藏于暗室中,与人接触时间少,受人的干扰轻;另一种在笼舍内安装 0.072 立方米的木箱,侧面敞开,呈半敞式,供果子狸卧息,箱内明亮,动物与人接触频繁。结果证明,两种不同的笼舍对果子狸护仔行为产生显著影响。暗室型由于与人接触时间少,驯化的力度较弱,应激反应依然强烈,例如产仔期,依然有叼仔、弃仔和食仔行为,食仔率达 20%;明室型,果子狸与人接触频繁,驯化力度较强,形成了与人的亲和关系,应激因素消失,护仔情况良好。

这一研究说明,以往设置产仔暗室,以图减少应激因素、降低食仔率的做法,不能从根本上解决问题。由暗室过渡到明室,增加果子狸与人的接触频率,通过喂食、管理、辅助配种,消除对人的恐惧,同时使接受操作处理习惯化,使食仔行为得到彻底解决。

(四)早期进行驯养训练

湖南农业大学特种经济动物研究所的科技人员曾选择处于不同生长阶段的仔狸进行抚育。一是 10 日龄断奶,行人工抚养。二是 30 日龄开始进行抚摸与人工补饲。三是 60 日龄断奶。60 日龄以后,对以上三种方法处理的仔狸进行对人的防御反应测定,到繁殖年龄以后,观察三种方法处理的母狸的护仔行为,结果如表 4-1。

表 4-1　管理方法对果子狸习性的影响

处　理	只数(雌)	防御反应	张口攻击	食仔
10 日龄断奶,人工抚养	10	0	0	0
30 日龄补饲,经常抚摸	15	0	0	0
60 日龄断奶,不与人接触	15	15	15	5

从表 4-1 可以看出,在防御和攻击反应未形成前,通过补

饲、抚摸,防御和攻击行为未能形成,成年以后,在产仔和哺乳期间,即使人去观望,也不会发生吃仔行为,达到了行为驯化的目的。在60日龄断奶时,防御和攻击反应已形成,行为再塑受到影响,如不经适当处理,到繁殖年龄以后难免会发生食仔行为。

驯养训练对于果子狸来讲,最适宜的时间是在生后30天以前,尤其当母狸泌乳能力下降、仔狸刚刚学会采食时。此时定期隔离母狸,给仔狸补饲,通过抚育,建立与人的亲和关系,这种关系一经建立,继续强化,便可影响其终身行为。哺乳期形成的习惯还要在生长期的管理中加以强化,才能达到驯养的要求。

第五章 果子狸的营养需要

一、果子狸的消化生理特征

果子狸消化道较短,仅相当于体长的4.5～5.5倍,因而食物通过速度较快,不适合消化高粗纤维日粮,而适合消化容积小、热量高、残渣少的食物。果子狸每日每千克体重应采食混合饲料干物质57克,最大采食量占体重5.7%,约490～500克。

(一)生长发育快,营养浓度要求高

仔狸的生长快,初生重约137克,30日龄达到约522克,增重2.8倍,随后母狸泌乳量下降,如不补喂固体饲料,生长

速度随之减慢。45日龄断奶。从断奶到6月龄，增重1.8倍，这时生长快，要注意饲料的质与量。至10~18月龄，增重1.1倍，从母体获得的抗体消失，此时是仔狸容易患病阶段，如果营养缺乏，则生长发育受阻，并引起营养缺乏症。

(二)对脂肪的消化率高

果子狸对脂肪的消化率高达90%~95%，乳中脂肪含量达9%。脂肪可促进仔狸早期生长发育，饲料中增加5%脂肪，可提高饲料的适口性，增加采食量。

(三)淀粉酶活性低

碳水化合物与蛋白质、脂肪相比，是廉价的能源。而果子狸的牙齿构造适合撕裂肉食，而不能像草食动物那样磨碎草料，其采食的特点是狼吞虎咽，唾液中缺少淀粉酶，食物未经磨碎就吞下，食物通过消化道的速度快(4~5小时)，肠淀粉酶活性低，消化淀粉的能力弱，未消化的淀粉会在肠内发酵，刺激肠管而引发腹泻。碳水化合物饲料如经过加热、磨细，并加酶处理，能提高其消化率。

二、果子狸营养需要量的估计

果子狸的营养需要研究目前还处于起步阶段，资料很少。果子狸属于以植物性饲料为主的杂食性动物，与狗、貉、仔猪食性特点极为接近。根据动物营养相通的原理，可以参考上述动物饲养标准，通过饲养实践加以校正，使饲料更为合理。皮毛动物常用饲料的表观消化率(即通过消化试验测定的饲料中各有机养分消化的比率)如表5-1，供参考。

表 5-1　皮毛动物常用饲料的表观消化率和代谢能

（摘自 N.J.F.1985）

饲 料 名 称 及 构 成 特 点		表观消化率（%）			代谢能 （千焦/克）
		蛋白质	脂肪	碳水 化合物	
整鱼,鳕鱼		90	92		16.74～21.97
鱼下脚料	骨含量低,灰分3%	89	92		15.24
	骨含量中,灰分5%	84	92		12.52
	骨含量高,灰分7%	79	90		11.30
	骨含量很高,灰分9%	72	88		9.42
牛下屠脚宰料	瘤 胃	85	73		22.00
	软下脚混合物 含脂10%	83	72		17.59
	肝	92	85		18.40
猪下屠脚宰料	喉	85	87		23.48
	皮	92	94		27.25
	油 渣	90	85		18.76
鸡废弃物		76	85		20.31
鱼 粉		82	88		16.11
骨粉	小心干制	75	75		11.40
	正常干制	65	75		10.43
	过热干制	65	75		9.43
羽毛粉水解物		60	89		12.25
豆饼粉		78	54	24	9.72
小 麦		79	74	43	8.74

饲 料 名 称 及 构 成 特 点	表观消化率（%）			代谢能 （千焦/克）
	蛋白质	脂 肪	碳 水 化合物	
大 麦	69	55	52	9.63
燕 麦	72	90	47	10.01
土豆粉	70		75	12.20
大豆油		96		38.18
鱼 油		94		37.39
猪 油		85		35.8
牛 油		70		30.21

据曾红夏（1994）报道,能量按 13.61～14.5 兆焦/千克,蛋白质按 184～199 克/千克,饲喂 19 只雌狸,发情率 94.7%,受胎率 89.4。据湖南农业大学特种经济动物研究所的资料,1995～1997 年,以日粮中可消化能 12.6～13.4 兆焦/千克,可消化蛋白质 17%～18%,饲喂 87 只雌狸,发情率达 92.5%,受胎率 91.7%。因此,参考接近动物的饲养标准,并根据种群营养水平、当地的饲料资源和气候条件,因地制宜,适当修正,效果会更好。

(一)能量的需要量

1.基础代谢　根据鲁伯纳体表面积定律（1902）,成年动物不论体重大小,基础代谢产热量均可以下式估计:

基础代谢（千卡）$= a W^b = 70W^{0.75}$

或基础代谢（千焦）$= a W^b = 293W^{0.75}$

其中 a 为常数系数，W 为动物活重，$W^{0.75}$ 为动物的代谢体重。即每千克体重日消耗 70 千卡或 293 千焦净能。

2. 维持能量需要　维持需要是指动物保持体温及其他生理活动，包括一部分随意活动消耗所需要的能量。根据小型哺乳动物的一般规律，维持需要应在基础代谢消耗的基础上增加 20%～50%。按照果子狸的生物学特性和活动规律，其维持需要粗略估计为：果子狸维持需要消化能 DE_M（千卡）＝aW^b＝$293W^{0.75}$ 或果子狸维持需要代谢能 ME_M（千卡）＝aW^b＝$132W^{0.75}$。

据饲料可消化蛋白质（DCP）、可消化脂肪（DEE）和可消化碳水化合物（DCAB）估计（表 5-1）。按 NRC 推荐用以下公式计算：

WE（千焦／克）＝18.8 可消化蛋白＋39.8 可消化脂肪＋17.6 可消化碳水化合物

维持需要（ME_M）取决于果子狸的生理状态、活动量及环境温度等因素。雄性在繁殖季节能量消耗增加 1.2 倍，雌性怀孕产仔增加 1.6～2 倍。研究表明在 22℃～-3℃ 的环境中，产热量随温度下降而线性增加。增加速度为 12.1 千焦／千克体重$^{0.75}$·℃，活动也消耗较多的能量。

3. 生长能量需要　果子狸组织中有机物主要是蛋白质和脂肪，蛋白质含量比较稳定，一般占空腹体重的 18%。脂肪随年龄与体重增长而上升，按照小型哺乳动物能量沉积规律，每增重 1 克，在体内沉积的能量为 6.3～12.6 兆焦，果子狸的积脂能力较强，按 12.6 兆焦计算。而在小型哺乳动物生长过程中，饲料消化能用于生长的效率为 0.525。假若估算体重 1 千克，处于生长阶段的果子狸，每日增重约 35 克，所需要的消化能为：

用于维持:140×1＝140 千卡

用于生长:3×35÷0.525＝200 千卡

总计等于 340 千卡。如果此阶段果子狸采食量为 150 克饲料干物质,饲料的消化能含量为〔340 千卡×(1000÷150)＝2267〕2267 千卡/千克,或 9.5 兆焦/千克。

4. 妊娠能量需要 指胎产物即胎儿、子宫、胎衣中沉积的能量以及母体本身沉积的能量。根据胎产物的重量及蛋白质与脂肪的含量估算能量的沉积。妊娠前 30 天,胎产物沉积蛋白质约 5.9 克,平均每天沉积 0.197 克,沉积脂肪 2.96 克,平均每天沉积 0.099 克。按照蛋白质和脂肪的含能,估算妊娠前 30 天能量沉积 58.67 千卡,平均每天沉积 2 千卡。按照小型哺乳动物的一般规律,消化能用于胎儿的生长效率 0.278,因此,1 只体重 5 千克成年果子狸,妊娠前 30 天每天能量需要:

用于维持:(140＋140×60％)×5^{0.75}＝224×3.3

＝739.2 千卡

用于妊娠:2÷0.275＝7.27 千卡

所以妊娠前 30 天,平均每天需要消化能 746.47 千卡,如果每天采食饲料干物质 250 克,则混合饲料的能量浓度为〔4647 千卡×(1000÷250)＝2985.88〕2985.88 千卡/千克,或 12.5 兆焦/千克。

妊娠后 30 天的能量需求,按同样的方法进行估算,妊娠后 30 天胎产物沉积蛋白质 18.24 克,平均每天沉积 0.61 克;脂肪 8.069 克,平均每天沉积 0.27 克;妊娠后 30 天沉积的能量 170.36 千卡,平均每天沉积 5.6 千卡。则 5 千克果子狸妊娠后 30 天每天能量需要为:

用于维持:(140＋140×60％)×5^{0.75}＝224×3.3

＝739.2 千卡

用于妊娠:5.6÷0.275＝20.36千卡

所以妊娠后 30 天,平均每天需消化能 759.56 千卡。如果每天采食饲料的干物质为 250 克,则能量浓度为[759.56 千卡×(1000÷250)＝3038.24]3038.24 千卡/千克或 12.76 兆焦/千克,较妊娠前 30 天略有增加,但不能过高,否则妊娠雌狸过肥,会造成流产和难产。

5. 哺乳的能量需要 哺乳能量需要量的高低和哺乳仔数有关,如果按 4 只计算,每天泌乳量约为 300 克,动物乳含能 1.8 千卡/克,饲料消化能用于产乳的能量利用率 0.67。哺乳果子狸能量的维持需要比空怀要高 2 倍,那么 1 只 5 千克体重的果子狸,在带仔 4 只的情况下则每天所需的能量:

用于维持:$(140+140\times100\%)\times5^{0.75}＝280\times3.3$
$＝924$ 千卡

用于泌乳:$1.8\times300÷0.67＝806$ 千卡

合计 1 729.97 千卡。如果哺乳期每日采食量 400 克,则饲料能量浓度应为 4 324.9 千卡/千克或 18.76 兆焦/千克,如果饲料能量浓度降至 3 200 千卡/千克,则采食量要达到 540 克。由于果子狸最大采食量为 360~400 克,必然造成哺乳期出现失重。因此,提高饲料消化能浓度,增加饲喂次数,仔狸提前补喂,减少哺乳量,缓解母体减重,才能确保产后按期发情,达到年产双胎的目的。

(二)蛋白质的需要量

1. 蛋白质维持需要 蛋白质的维持需要是指摄入的氮和粪、尿及体表排出氮达到平衡时,以氮的摄入量乘以 6.25,转成粗蛋白表示。

由于哺乳动物体成分中蛋白质含量为 19%~21%,因此其蛋白质的维持需要量十分接近。例如，乳牛 2.8～3 克 $W^{0.75}$，猪 2.04 克 $W^{0.75}$，家兔 2.5 克 $W^{0.75}$。米切尔(Mitchell, 1962)认为哺乳动物蛋白质的维持需要量为可消化蛋白质 1.75 克 $W^{0.75}$。

经过反复用各种动物试验，基础代谢时，内源氮与能量呈一定比例，每 1 千卡热量平均需要 2 毫克氮，相当于 0.15 克 $W^{0.75}$，按蛋白质消化率 80%、生物学价值 70%折算，则每千克代谢体重每天维持需要可消化蛋白质 2.345 克。并可按每千卡维持消化能给予可消化粗蛋白质 25 克，也可按能量蛋白比 40:1，即 40 千卡/克或 0.168 兆焦/克计算。

2. 蛋白质的生长需要　果子狸增重速度的快慢，取决于本身的遗传潜力及日粮结构，当遗传潜力相似时，日粮构成为主要因素。日粮中粗蛋白质浓度适宜，氨基酸平衡较好，能、蛋比合理，可使仔狸的生长潜力得到充分发挥。

根据营养试验，处于生长阶段的果子狸饲料蛋白质水平为 15%～16%，能量为 9.5 兆焦/千克或 2 267 千卡/千克，如果按兆焦·消化能需要量表示，生长阶段为 15～16 克蛋白质/兆焦·消化能。能量过高会造成早期肥胖。而青年狸阶段为 13～14 克/兆焦·消化能。

3. 氨基酸平衡日粮　在动物饲养上，不但要满足所有必需氨基酸的绝对数量，而且各种必需氨基酸之间要参加有效生物化学反应，作为一个整体，以摄入量最少的某一氨基酸为基准进行氨基酸平衡。

赖氨酸是生长期动物特别需要的氨基酸，生长速度越快，生长强度越高，赖氨酸需要量也越多，所以赖氨酸叫做"生长性氨基酸"。而蛋氨酸参与动物体内 80 种以上的生物反应，故称蛋氨酸为"生命性氨基酸"。当动物生长强度大时，赖氨酸需要量大,蛋氨酸的需要量小;而在生长停止时期,赖氨酸需要量相对也少,而蛋氨酸需要量相对地多,所以根据不同的饲养目的,确定两者的比例关系,赖氨酸比蛋氨酸以 100∶35~42 为宜。

精氨酸在体内合成的速度和数量不能满足动物的需要,但赖氨酸和精氨酸之间在消化和吸收上存在着拮抗作用,综合多数试验结果,赖氨酸比精氨酸＝100∶120。

大豆饼的赖氨酸与蛋氨酸含量比为 100∶18,因此,以大豆饼为蛋白质饲料或者使用 DL-蛋氨酸添加剂。鱼粉的赖、蛋比为 1∶40,而且绝对含量都高,故在配制日粮时使用较多。花生饼的赖、精比高达 1∶38,故在日粮中选用花生饼时,要选配精氨酸含量较少的鱼粉、血粉、蚕蛹粉配伍。

4. 妊娠狸蛋白质的需要　根据长期的饲养实践,日粮粗蛋白质水平低于 13% 时,妊娠期母狸体重减轻、死胎率增加。蛋白质水平达到 16% 时,受胎率、胎产仔数、产活仔数都达到了较好的水平。

5. 蛋白质的哺乳需要　据仔狸哺乳前后体重变化,估测果子狸日产乳 300 克左右,乳中蛋白质含量 10%,即乳中含蛋白质 30 克,可消化蛋白用于产乳的效率为 0.85,则哺乳雌狸每日需从日粮中增加(30÷0.85＝35.3)35.3 克可消化蛋白质。加上维持需要可消化蛋白质 7.74 克,则每日需可消化蛋白 43.04 克用于泌乳,若哺乳期果子狸饲料干物质采食量达 300 克,日粮中可消化蛋白质含量必须达 21.52%,当采食量达到 400 克,可消化蛋白降到 10.76%。

果子狸蛋白质需要量低于水貂、狐狸、貉等动物。湖南农业大学特种经济动物研究所进行不同蛋白质水平对生长期果子狸日增重的影响试验:基础日粮可消化能均为 12.6 兆焦/

千克,蛋白质分别为 20%,17%和 14%,结果以蛋白质 17%组的日增重最高,蛋白质 20%组的日增重反而低于蛋白质17%组。根据饲养实践,果子狸怀孕期、泌乳期、生长期和空怀期蛋白质水平分别为 19%,21%和 17%;而 17%对发情、妊娠、哺乳和生长发育都较为合适。

(三)脂肪和脂肪酸的需要量

脂肪是热能的主要来源,1 克脂肪在体内完全氧化时,可释放 38.9 千焦的热量,是蛋白质和碳水化合物的 2.25 倍。亚油酸、亚麻酸和二十碳烯酸是必需脂肪酸,对动物的生长发育有重要作用,在动物体内不能合成,必须从饲料中获取,故称为必需脂肪酸。毛皮动物对脂肪的消化率极高。

适量的脂肪可以使果子狸发情提前,增加受胎率和产仔数,同时可以改善饲料的适口性。果子狸日粮中脂肪含量以8~10 克为宜。

需要注意的是,不饱和脂肪容易氧化变质,产生有害物质,引起消化功能紊乱,破坏多种维生素,造成生长迟缓、毛绒褪色而粗糙。因此,在饲料中要加入抗氧化剂,例如维生素 E0.1~0.5 毫克/克,维生素 C 0.2%~0.3%。

(四)碳水化合物的需要量

碳水化合物主要来源于谷物,是动物热能来源之一,1 克碳水化合物完全氧化可产生 17.15 千焦的热量。

目前,狐狸日粮中碳水化合物含量可达 25%,狗的日粮中碳水化合物为 44%~49.5%,可作为配制果子狸日粮的参考数据。而果子狸是植物性饲料为主的杂食性动物,可适当多用碳水化合物饲料,以降低饲料成本。

水貂、狐、狗对粗纤维的消化能力差,但在日粮干物质中含有1%的纤维素,对胃肠道的蠕动、饲料的松散都能起到良好的作用,若增加到3%,会引起消化不良。而果子狸对粗纤维的忍耐力远远高于水貂和狐,仔狸日粮中粗纤维含量可达5%,成年狸可达10%。

(五)维生素的需要量

1.维生素A 维生素A具有促进皮肤和粘膜发育和再生的能力,并对皮肤、粘膜有保护作用。可调节碳水化合物、蛋白质和脂肪代谢,增进动物健康、促进生长、促进骨骼发育和提高繁殖能力。可合成视紫质,保护动物视力。能提高免疫能力,增强动物对传染病和寄生虫的抵抗力。

维生素A缺乏时,动物发生干眼症、夜盲瞎眼、粘膜角化、皮毛干燥、繁殖能力下降、胚胎早期死亡、流产及抵抗疾病的能力降低。

毛皮动物对维生素A的需要量,空怀和配种期为每克饲料干物质中含5~9单位,妊娠和哺乳期8~10单位。

维生素A的主要化合物是视黄醇,它极易被破坏,因而制作维生素A添加剂的第一道工序是把它"酯化"。酯化有利于维生素A添加剂的稳定性,酯化维生素A的有机酸常用醋酸、丙酸和棕榈酸。

维生素A的活性以单位表示。因酯化时所用有机酸的分子量大小不同,故1个单位相应重量也不一样(表5-2)。

表 5-2　维生素 A 酯化后的单位重量

维生素 A 化合物	1 个单位的重量(微克)
结晶维生素 A	0.300
维生素 A 醋酸酯	0.344
维生素 A 丙酸酯	0.358
维生素 A 棕榈酸酯	0.550

维生素 A 添加剂的活性成分含量,通常为 50 万单位/克,多由维生素 A 醋酸酯原料制成。在设计全价饲料配方时,必须根据所用维生素 A 添加剂的活性成分含量进行折算,方可得出应该使用的添加剂的重量。例如,配制 1 千克含维生素 A 0.8 万单位的饲料,需要 1 克含 50 万单位维生素 A 添加剂的数量。可按下式计算:

$50 : 1000 = 0.8 : X$

$X = 16$ 毫克

应该使用 16 毫克维生素 A 添加剂。

维生素 A 添加剂的贮存,要求容器密封、避光、防湿、温度在 20℃ 以下,且温差变化小。

2. 维生素 D　果子狸所需的维生素 D,除从饲料中提供外,其体内的 7-脱氢胆固醇经阳光紫外线照射,也可转变为维生素 D。故维生素 D 又称“日光维生素”。它在钙和为磷的吸收以及骨骼的形成中,起着极其重要的作用,尤其在生长阶段的仔狸及妊娠雌狸,除了需要较多的钙、磷外,还需要较多的维生素 D,才能满足胎儿和仔狸生长发育的需要。当维生素 D 缺乏时,会引起骨骼发育停滞和软骨病。软骨病临床表现为衰弱、瞌睡、消瘦,牙齿易碎裂,骨骼变形,胸廓、脊柱和四肢骨弯曲。其特点是肋软骨形成念珠状突起。

维生素 D 有两种,即维生素 D_2 和 D_3。维生素 D_3 的抗佝偻病效力大于维生素 D_2,应用广泛。果子狸对维生素 D 的需要量为每克饲料 2～3 单位。

商品中还有维生素 A 和维生素 D_3 合剂,它的活性是在 1克添加剂内含有 50 万单位维生素 A 和 10 万单位维生素 D_3,两者没有拮抗作用,配伍性好,配制和使用都较方便。

维生素 D 使用剂量如超过正常需要量的 300 倍,可产生维生素 D 过多症,临床表现为脱毛、体重减轻、腹泻、急性肠出血,并易引起死亡。

3. 维生素 E　维生素 E 又称生育酚,对性器官的发育有良好的作用。当维生素 E 缺乏时,使睾丸内细胞萎缩,影响精子生成,因而失去生育能力,妊娠雌狸则表现为胎儿发育受阻、死胎、流产。仔狸缺乏维生素 E 时,多引起肌肉萎缩、四肢瘫痪等严重症状。

维生素 E 需要量为每只每日 5 毫克。妊娠期日粮中不饱和脂肪酸含量高时,用量可增加 1 倍,即每只每日 10 毫克。谷物胚芽和植物油含丰富的维生素 E,100 克小麦芽含维生素 E25～35 毫克。如果日粮中脂肪含量过高时,最好添加维生素 E 制剂,而含脂肪量低时,以添加新鲜植物油较适合。

4. 维生素 B 族　维生素 B 族是水溶性维生素,B 族维生素有维生素 B_1,维生素 B_2,维生素 B_6 及烟酸、生物素、泛酸、叶酸、维生素 B_{12},胆碱和肌醇等。其主要作用是促进果子狸体内蛋白质和碳水化合物代谢,维持运动和感觉神经及心脏血管的正常功能。

维生素 B_1 又称硫胺素,对维持神经系统的正常功能有重要作用,缺乏维生素 B_1 时,代谢发生障碍,生长停滞,神经、肌肉、胃肠消化和内分泌功能受到破坏。维生素 B_1 在饲料中含量较多,酵母和麦麸中含量最为丰富。需要量为每克干饲料中含 2～6 微克。

维生素 B_2 又称核黄素,为黄素酶辅基,在蛋白质、脂肪和核酸代谢中起重要作用。需要量为每克饲料干物质含 4～6 微克。维生素 B_2 缺乏时会引起食欲减退、腹泻和脚皮炎。

维生素 B_6 又称吡哆素,缺乏时,幼狸停止生长发育,其特有症状为背上、眼边、耳边、胸部脱毛,并出现结膜炎、角膜炎以及肌肉无力、贫血、半麻痹、体温下降、呼吸和心跳减慢,最后导致死亡。维生素 B_6 在酵母和动物肝脏内含量丰富。维生素 B_6 在体内与不饱和脂肪酸有互补作用,两者缺乏症相似。当维生素 B_6 缺乏时,神经系统发生障碍,出现痉挛、生长停止。维生素 B_6 需要量为每克饲料干物质含 40 微克。

维生素 B_{12} 又称钴胺素、抗贫血维生素。当维生素 B_{12} 缺乏时,红细胞的生长受到障碍,血液中红细胞数降低,致使体内氧化过程和神经系统功能发生障碍。维生素 B_{12} 在动物的肝脏、鱼粉和乳类中含量都较为丰富。

生物素又称维生素 H,对性器官发育有重要作用。当生物素缺乏时,即出现明显的症状,开始毛变稀,鼻面发炎并肿胀,眼周围淤血,生长停止,最后出现全身性脱毛和渗出性脱皮性皮炎,体重减轻,出现痉挛性步态以及性器官退化,甲状腺和肌肉萎缩,以致发生死亡。生物素需要量为每克饲料干物质含 0.13～0.2 微克。

泛酸又称遍多酸,主要作用是参与糖代谢和生物氧化,是果子狸必需的维生素之一。酵母和动物肝脏泛酸的含量最为丰富。果子狸需要量为每克饲料干物质含 0.015～0.04 毫克。

胆碱的主要功能是调节脂肪代谢,防止肝脏脂肪变性和脂肪堆积,并能间接促使神经、肌肉的兴奋。缺乏时,可出现脂肪肝或肝硬变、出血性肾炎和胸腺退化,抗病力下降。动物的肝脏、乳、谷物、酵母中含量比较丰富。果子狸需要量为每克饲料干物质含 1～1.5 毫克。

肌醇为哺乳动物所必需,饲料中缺乏时,可出现一系列功能障碍,典型症状为眼睑周围无毛,即所谓"戴眼镜症",逐渐出现视觉和神经功能失调。肌醇在动物饲料中含量较丰富。

叶酸的主要作用是参与造血过程和细胞核内核蛋白的生成,并参与机体的代谢调节,有促进性功能的作用。当饲料中缺乏叶酸时,常引起贫血、生长停止和白细胞减少症。叶酸在动物的肝脏和酵母中含量最多。

烟酸又称维生素PP,在动物体内常与蛋白质结合。当体内烟酸不足时,可影响体内氧化过程的正常进行,使代谢发生障碍。其临床症状为严重的皮炎、神经和消化系统的功能障碍,需要量为每克饲料干物质含 50～60 微克。

5. 维生素 C 维生素 C 又称抗坏血酸,在动物体内的蛋白质和糖代谢中起重要作用。维生素 C 在绿色植物中含量丰富,肉类和谷物饲料中几乎没有。在饲粮中,每日供给青绿蔬菜 30～40 克,加上体内合成,一般不会缺乏。在妊娠和哺乳期,应在饲料中添加维生素 C 制剂,妊娠中期每只每日添加 20～30 毫克。如发现仔兽有红爪病,除补喂维生素 C 外,还要补喂维生素 B_1 和维生素 B_2。对患红爪病的仔狸,可用滴管喂 2% 维生素 C 水溶液。

(六)矿物质的需要量

1. 钙与磷 钙、磷都是构成骨骼的主要成分,骨中钙占全身总量的 97%,磷为 80%。钙能协助血液凝固,维持神经传导功能、肌肉伸缩和心跳节律,保持毛细血管正常渗透性,提高一些酶的活性。磷是核蛋白和酶的重要成分,参与糖、脂肪和蛋白质代谢。钙、磷在体内以 1~2∶1 比例存在,两种元素无论缺乏哪一种,都会降低其营养价值。钙、磷代谢失调是造成软骨病的主要原因。饲料中钙、磷供应不足时,便会消耗骨内的钙、磷,造成骨质疏松变软,影响血凝和糖原分解以及脂肪氧化和蛋白质代谢。钙需要量为日粮干物质的 0.5%~0.6%,磷为 0.4%~0.5%。

2. 钾、钠和氯 钾是细胞内液中的主要阳离子,钠是细胞外液中的主要阳离子,两者维持体液平衡、渗透压及酸、碱平衡,增强肌肉的兴奋性,维持心跳正常节律,参加蛋白质、碳水化合物代谢。

钾、钠缺乏时,能影响血液渗透压和 pH 值,影响胰液 pH值,致使动物发育迟缓、繁殖力下降,降低蛋白质和碳水化合物的利用。动物性饲料中及食盐含钠量丰富,钾在植物性饲料中含量较多。

氯是胃液的主要成分,还是构成细胞外液的主要阴离子,可以维持体内水、盐平衡,保持渗透压和酸、碱平衡,激活唾液淀粉酶。饲料中缺乏氯时,会抑制动物的生长、降低利用已消化蛋白质和碳水化合物的能力。动物性饲料中含氯较多,植物性饲料中含量较少。食盐的添加量占饲料干物质重量的0.5%~1%。

3. 铁 铁是构成血红蛋白、肌红蛋白、细胞色素和其他酶的主要成分,能协助氧运输。果子狸饲料中缺铁时,会造成贫血、食欲减退、呼吸困难,影响生长发育。

4. 碘 碘是构成甲状腺素的重要成分。甲状腺素可调节体内热能代谢及蛋白质、脂肪的合成和分解。果子狸缺碘时会造成甲状腺肿大以及妊娠母狸死胎。动物性饲料及海藻中含碘量较高。

5.铜 铜在体内的含量比铁少得多,它不是血红蛋白的成分,但在血红蛋白的形成机制中必须有微量铜参加,铜是很多酶的成分。铜对线粒体胶原代谢和黑色素形成有密切关系。缺铜的症状与缺铁相似,腿变形、腿关节软弱无力、前肢弯曲、不能站立、毛色素减退,出现贫血、食欲不振,体质恶化。

铜的作用与铁很密切,两者应同时考虑,土壤和饲料中一般不缺铜,但在缺铜的地区就要考虑补铜。

6.锌 锌构成含锌金属酶,参与核酸和蛋白质代谢,促进伤口愈合。果子狸缺锌时,生长发育停滞、消瘦、脱毛、母狸空怀,雄狸精液品质恶化,体态和组织发生变异。

在生产实践中,缺锌常因日粮中含钙过多所致。植物性饲料中的锌,易形成植酸锌,果子狸的消化道不能吸收,利用率很低。

7.锰 锰为丙酮酸氧化酶组成成分,作用于脂肪酸代谢、蛋白质的合成及粘多糖和胆固醇的合成。果子狸缺锰时,生长缓慢、繁殖率低、胚胎发育不良,出现软骨病、运动失调。

锰缺乏症发生,可能由于缺锰,也可能由于钙、磷过多。如锰摄食过多,会降低红细胞的血红蛋白含量,应增加铁的补充量,加以平衡。

8.硒 硒是谷胱甘肽过氧化物酶的组成部分,这种酶可将过氧化酯类还原,防止这类毒素在体内积累。如果把维生素E看成是抗氧化的第一道防线,那么,含硒的谷胱甘肽过氧化物酶就是第二道防线。

果子狸缺硒会引发白肌病,心肌上有灰白条纹、肝脏坏死、肌肉萎缩,增重缓慢、食欲减退、繁殖力降低。但硒过多也有毒害作用,使动物消瘦、脱毛、生长受阻,配合饲料中含硒达到每吨 5 克(5 毫克/千克)时,即会使妊娠母狸产生大量畸形胚胎。

三、果子狸饲料中的养分含量

对果子狸的营养需要量的研究资料甚少,现借鉴于其他小型杂食性哺乳动物的饲养标准,并结合多年养殖果子狸的经验加以适当修改,提出以下果子狸营养需要的参数(表 5-3),作为配制日粮的依据。各养殖场可根据实际情况加以调整。

表 5-3 果子狸的每千克饲料中的养分含量

营养物质	幼狸	青年狸	妊娠母狸	哺乳母狸	种公狸
消化能(兆焦/千克)	10.4	11.5	12.5	13.5	12.5
代谢能(兆焦/千克)	10	10.90	12.0	13.0	12.1
粗蛋白质(%)	19	16	19	19.5	18.5
可消化蛋白质(%)	15	11.5	18	18.2	18
粗脂肪(%)	8	8	8	8	8
蛋+胱氨酸(%)	0.7	0.7	0.8	0.8	0.7
赖氨酸(%)	0.8	0.8	0.8	0.9	0.7
精氨酸(%)	0.8	0.8	0.8	0.9	0.9
钙(%)	1.0	1.0	1.0	1.0	1.0
磷(%)	0.8	0.6	0.6	0.6	0.6
食盐(%)	0.5	0.5	0.5	0.5	0.5
铜(毫克/千克)	4	4	4	4	4
锌(毫克/千克)	10	10	10	10	10
锰(毫克/千克)	30	30	50	50	50

营养物质	幼狸	青年狸	妊娠母狸	哺乳母狸	种公狸
硒(毫克/千克)	0.1	0.1	0.1	0.1	0.1
钴(毫克/千克)	1	1	1	1	1
铁(毫克/千克)	50	50	50	50	50
碘(毫克/千克)	0.2	0.2	0.2	0.2	0.2
维生素A(单位)	8000	8000	9000	10000	1000
胡萝卜素(毫克/千克)	0.83	0.83	1.0	1.0	1.2
维生素D(单位)	900	900	900	1000	100
维生素E(毫克/千克)	2	2	2～5	2～5	2～5

第六章　果子狸的饲料

一、果子狸的能量饲料

能量饲料是指干物质中粗纤维含量低于 18%,粗蛋白质含量低于 20%的一类饲料。这类饲料包括谷物籽实类、麸糠类、草籽果实类、淀粉质块根及块茎和瓜果类饲料。

(一)玉　米

玉米是果子狸喜食的谷物之一。玉米的粗纤维含量仅为 2%,而无氮浸出物高达 72%。玉米无氮浸出物中主要是淀粉,可消化率高,可利用能高居谷物之首。

玉米含亚油酸较高,达到 2%,是谷物饲料中含量最高者。如果玉米在日粮中配比达到 50% 以上,则仅玉米即可满足动物对亚油酸的需要量。

玉米蛋白质含量约为 8.6%,低于麦类,与大米含量相近。玉米蛋白质中,赖氨酸、蛋氨酸和色氨酸含量不足,因此,玉米必须与大豆粕和鱼粉搭配,才能达到氨基酸之间的平衡。如果不用鱼粉,则必须添加蛋氨酸,有时还要加赖氨酸。由于玉米的色氨酸不足,应在添加剂预混料中增加烟酰胺的使用量。

玉米籽实外壳有 1 层釉质,可防止籽实内水分散失,故很难干燥,容易滋生霉菌而腐败变质,所以玉米必须脱水后方可入仓贮存。玉米籽实经过粉碎后,失去了籽实外的保护层,极易吸水结块、发热和污染霉菌,在高温、高湿地区,更易变质,配制饲料时应在预混料中使用防霉剂。

(二)大 麦

大麦有两种,带壳的叫草大麦,不带壳的叫裸大麦(青稞)。带壳的大麦,即通常所说的大麦,代谢能水平较低,适口性很好,含粗纤维 5% 左右,可促进肠道蠕动,使消化功能正常。

大麦的蛋白质含量较高,约为 10.8%,赖氨酸、色氨酸和异亮氨酸的含量都比玉米高,但按动物需要量计算,仍显不足。大麦的蛋氨酸和苏氨酸含量比玉米低。大麦的亚油酸含量与维生素含量偏低。裸大麦代谢能水平高于草大麦。果子狸日粮中可适当添加裸大麦。

（三）小　麦

小麦的代谢能水平比玉米和糙米低，比大麦和燕麦高。小麦代谢水平低的原因，一是粗纤维含量高达 2.4%，而粗脂肪含量仅 1.8%。

小麦的特点是蛋白质含量达 12.1%，高于玉米、糙大米，与裸大麦相近，必需氨基酸含量也较高，但苏氨酸含量按其蛋白质的组成来说，明显不足。

（四）糙大米和碎大米

糙大米是稻谷去外壳后的籽粒，代谢能水平相当高，与玉米相近，蛋白质含量也和玉米相近。色氨酸比玉米高 1/4，为 1.2%，亮氨酸比玉米低 40%，为 0.61%，配料时有利于与异亮氨酸和缬氨酸平衡。

碎大米是糙大米脱去大米糠制作食用大米时的破碎粒，含少量的大米糠，代谢能水平比糙大米略高，与玉米相似。其他营养素含量与糙大米相仿。

（五）稻　谷

稻谷粗纤维含量高，是玉米的 4 倍以上，高达 8.5%，代谢能水平低。

稻谷蛋白质含量比玉米低，仅 8.3% 左右，必需氨基酸组成也没有突出的优越性。

（六）麦　麸

小麦麸是磨面时碾破和粉碎了的种皮，并带有粉状物质。麦麸是果子狸的良好饲料，蛋白质含量 15%，比谷实类饲料高 5%。维生素 B 族含量丰富,尤其含维生素 B_1、烟酸、胆碱和泛酸较多,维生素 E 含量较丰富。麦麸结构疏松,含有适量的粗纤维和硫酸盐类,有轻泻作用,有助于胃肠道蠕动,保持消化道的功能,可称为保健性饲料。麦麸的缺点是含可利用能量低,仅为谷实类饲料一半;含钙很低,含磷虽高,却不易吸收;具有吸水性,容易发霉变质。

(七)米 糠

米糠是指大米皮,而不是谷壳。米糠的代谢能水平相当高,与大麦的代谢能含量相等。粗纤维含量略高于小麦麸,在 9% 左右,粗蛋白含量较低,在 12% 左右,脂肪含量 15%,是小麦麸的 5～7 倍。

米糠的脂肪和脂肪酸极易氧化、腐败发热和发霉、酸败。氧化的米糠可使动物中毒,发生严重腹泻,甚至死亡。因此,安全有效地使用米糠,必须首先解决防腐、防霉的问题。解决的方法是经过抽油做成糠饼,或使用新鲜米糠,并控制其含水量,使用抗氧化剂和防霉剂。这样可以提高米糠的安全性。

米糠蛋白质含量比玉米高,蛋氨酸含量可达 0.25%,比玉米高 1 倍,与大豆饼配伍较好,米糠含丰富的磷、维生素 B 族和维生素 E,喂果子狸可占到日粮的 10%～12%。

(八)脂肪和脂肪酸

脂肪是动物能量的重要来源,乳汁中含脂肪 8%,对仔兽的生长发育起重要的作用。脂肪是维生素 A,维生素 D,维生素 E,维生素 K 的良好溶剂。果子狸也像其他毛皮动物一样,需要一定数量的脂肪,而且对脂肪的消化率很高。

饱和脂肪酸和非饱和脂肪酸的比值以及亚油酸的含量也

是重要的指标。N.R.C(1982)推荐脂肪占水貂日粮代谢能的50%,而亚油酸最低水平为日粮干物质的 0.5%,泌乳、妊娠和生长的相应水平为 1.5%。狐的必需脂肪酸最低需要量为每只每天 2~3 克。这些指标可以作为果子狸配制日粮时确定脂肪需要量的参考。

在动物日粮中使用油脂,能显著改善代谢能的利用量,提高净能量。这是因为添加的油脂与基础日粮的油脂发生了协同作用,并促进了非脂类物质的吸收。日粮中使用油脂与日粮组成有密切的关系。例如油脂和玉米、大豆粕构成的日粮,油脂的真代谢能值,要比油脂和大麦、大豆粕构成的日粮高出很多。所以在配种前、孕期和泌乳阶段喂高脂肪日粮,可以增加产仔数。生长阶段的动物,日粮中增加 3%~5%的脂肪,可提高体重 5%,饲料报酬增加 10%。

二、果子狸的蛋白质饲料

以干物质为基础,凡是蛋白质含量在 20%以上、粗纤维含量在 18%以下的饲料,叫做蛋白质饲料。

蛋白质饲料可分为植物性蛋白质饲料和动物性蛋白质饲料两大类。植物性蛋白质饲料包括油饼、油粕类,豆科籽实和食品加工业副产品。动物性蛋白质饲料包括鱼粉、肉骨粉、血粉、蚕蛹粉等。

(一)大豆饼粕

大豆饼粕是大豆提取油脂后的副产品,经适度加热处理后的干燥片状或粉状物。大豆饼粕蛋白质含量在 40%~44%之间,蛋白质含量较高。必需氨基酸的组成比相当好,赖氨酸含量达2.5%,是饼粕类饲料中含量最高者,能满足快速生长动物的需要。大豆饼粕的赖氨酸与精氨酸之间的比例较为恰当,约为100∶130,与大量玉米和少量鱼粉配伍,适合于果子狸对氨基酸的需要。由于大豆饼粕的赖氨酸含量高,赖氨酸和蛋氨酸的比例不平衡,蛋氨酸不足,因此,在主要使用大豆饼粕的日粮中一般都要添加DL-蛋氨酸,才能满足动物的营养需要。大豆饼粕的另一特点是异亮氨酸含量达2.39%,与蛋氨酸之间比值很好。大豆饼粕中色氨酸占1.85%,苏氨酸占1.81%,含量特别高,因而与玉米配伍可弥补玉米的缺点。

(二)鱼 粉

优良鱼粉由全鱼制作,蛋白质含量和有效能值都较高,蛋白质含量为55%~65%。鱼粉的蛋白质品质高,氨基酸组成合理,赖氨酸、蛋氨酸、色氨酸都较高,而精氨酸含量较低,饲粮中添加一定数量的鱼粉,有利于改善饲料中氨基酸的平衡。

鱼粉中钙、磷含量高,比例较合理,而且利用率高,鱼粉中磷的利用率可达100%。鱼粉中含有丰富的维生素A,维生素D和维生素B族,含有植物性饲料中不具备的维生素B_{12}。鱼粉中硒含量很高,可达2毫克/千克,是配合饲料中理想的硒源。鱼粉中可能还含有其他多种未知促进生长因子。

由于鱼粉含有丰富的营养物质,是微生物繁殖良好的场所,易发霉变质。发霉的鱼粉不仅含有致病微生物和毒素,而且氨基酸的消化率低,能值低。

(三)肉粉和肉骨粉

屠宰场或肉品加工厂的肉屑、脏器、不宜食用的屠体,经处理后制成的饲料叫肉粉,如以连骨肉为主要原料,则叫肉骨粉。

肉粉中蛋白质含量为 53%~55%,脱脂肉粉中的蛋白质含量达 60%。肉骨粉中蛋白质含量变化较大,一般在 40%~50%之间。

肉粉和肉骨粉蛋白质中的赖氨酸含量高,蛋氨酸、色氨酸含量较低,比血粉还低,维生素 B 族含量较多,维生素 A,维生素 D 和维生素 B_{12} 含量都低于鱼粉。肉骨粉中钙、磷含量较高,比例较合理。

(四)血 粉

血粉中蛋白质含量高,可达 80%~90%,一般为 83%。血粉蛋白质中赖氨酸含量高达 7%~8%,组氨酸含量也较多。以相对含量而言,与赖氨酸含量相比,精氨酸含量较低,故与花生饼配伍,可得到较好的饲养效果。

血粉最大的缺点是异亮氨酸含量很少,几乎是没有。用血粉配制饲料时,要注意满足异亮氨酸的需要量。因饲料中亮氨酸的含量常常较高,而亮氨酸和异亮氨酸之间又有拮抗作用。所以,血粉蛋白质含量虽然很高,但它的氨基酸组成却很不平衡。

血粉氨基酸的消化率可高达 90%,限制血粉饲用价值的主要因素是适口性略差。

(五)羽 毛 粉

羽毛粉是家禽羽毛经高温、高压水解或酶解加工而成的一种饲料。含杂质少的羽毛粉蛋白质含量达 85%以上。羽毛粉中胱氨酸含量丰富,可达 4%以上,赖氨酸、蛋氨酸、色氨酸含量低。赖氨酸和精氨酸的比值达1:6。氨基酸组成极不平衡。

(六)蚕 蛹 粉

蚕蛹粉是未经脱脂的制品,蚕蛹粕是蚕蛹提取油脂后的产品。蚕蛹粉中的脂肪含量达22%,代谢能水平高。蚕蛹粕的脂肪含量一般仅为10%。蚕蛹粉和蚕蛹粕中蛋白质含量相当高,分别为54%和65%。其氨基酸组成的特点是:蛋氨酸的含量高,分别为2.2%和2.9%,赖氨酸和色氨酸的含量也很好,色氨酸含量高达1.25%～1.5%,比鱼粉中的含量高70%到1倍,赖氨酸含量也和鱼粉相等。因而蚕蛹粉是平衡饲料中氨基酸组成的好原料。其精氨酸含量低,尤其与赖氨酸含量的比值低,很适于与其他饲料配伍。

蚕蛹粉和蚕蛹粕的缺点是受原料品质和脂肪含量高的影响,容易发生腐败,产生恶臭,因此,要限制在饲料中的用量。

(七)脱脂奶粉、酪蛋白和乳清粉

牛奶加热后离心分离,把黄油分离后所得产品即为脱脂奶。脱脂奶制成的奶粉为脱脂奶粉。脱脂奶粉对仔貂的营养价值很高,主要用作早期断奶的代乳料。脱脂奶粉中蛋白质含量为34%～38%。

酪蛋白是脱脂奶加热或加凝乳酶凝固而成的产品,蛋白质含量达80%,是所有蛋白质中营养价值最高的一种。

除去乳脂和酪蛋白的牛乳,经干燥后所得干物质即为乳清粉。它的主要成分是乳糖,含量在65%以上,乳清粉中含蛋白质12%～13%。乳清粉宜于喂幼龄仔貂。

三、果子狸的果蔬类饲料

(一)菜 叶

菜叶含有丰富的维生素和矿物质,例如每 100 克白菜含维生素 C 47 毫克,胡萝卜素 250 微克。每 100 克莴苣含维生素 E 58 毫克。日粮中可含 10%～15% 菜叶。菜叶摘掉腐烂部分,冲洗干净,用于生喂。同时要了解菜叶中是否有残留农药,以防中毒。

(二)南 瓜

南瓜是果子狸喜食的食物,便于贮存,易于消化,含丰富的胡萝卜素。100 克南瓜含 890 微克胡萝卜素,新鲜南瓜含水分 93.5%,粗蛋白 0.7%,粗脂肪 0.1%,可溶性无氮浸出物 4.5%,粗纤维 0.8%,粗灰分 0.4%,可消化养分 7.8%。风干后含水分 11.2%,粗蛋白 6.6%,粗脂肪 2.5%,可溶性无氮浸出物 74.6%,粗纤维 5.5%。南瓜需蒸熟饲喂。

(三)红 薯

红薯的主要成分是淀粉,含蛋白质极少,黄色品种富含胡萝卜素。以红薯作主要饲料时,则要增加蛋白质饲料,效果才好。新鲜红薯含水分 67.2%,粗蛋白 1.4%,粗脂肪 0.2%,可溶性无氮浸出物 28.8%,粗纤维 2.5%,粗灰分 0.9%。红薯易感染黑斑病。患黑斑病的红薯表面凹凸不平,呈黑褐色,逐渐腐烂。若饲喂了患黑斑病的红薯,常会引起严重中毒,甚至死亡。

四、果子狸的日粮配合

(一)日粮的能量

饲料和日粮中能量的含量,是动物饲养过程中必须首先考虑的问题。因为能量是饲粮中含量最多、动物需要量最大、具有重要作用的营养物质。而且饲料中的三大有机物质:碳水化合物、脂肪和蛋白质可以概括为统一的能量衡量单位。因此,饲料的质量便可用一个统一的、概括的、科学的衡量单位,即能量单位,并作为衡量饲料质量的标准。

所谓日粮的能量,是指日粮所含的可利用能量,如消化能、代谢能、净能。能量的单位以焦耳(J)或卡(cal)计量。日粮的能量水平是指每千克饲料中所含能量的多少,也就是日粮的能量浓度。高能日粮,即具有可利用能量多的日粮。日粮的能量,来源于构成日粮的原料,例如谷物饲料、麸糠饲料、饼粕类饲料、豆科籽实等。

(二)影响饲料能量的因素

1. 干物质含量 饲料的能值是以一定的干物质为基础的。如果含水量与饲料成分表不符,则其能值也不相同。因此计算能量浓度时应考虑原料的含水量。

2. 含杂程度 杂质包括金属、沙石、尘土及其他异物。含杂质多的原料,能量和营养素含量都因此而减少。

3. 原料品质、规格 同名饲料,因品种特点、栽培、收获条件和加工条件的不同,其品质相差很大,例如籽实饱满的玉米和瘪皱玉米,新鲜玉米和陈旧玉米,能量含量有较大差别。

(三)日粮能量水平与采食量

动物有根据日粮能量浓度而调节采食量的本能,即所谓为能而食。日粮代谢能水平高时,采食量少;日粮代谢能量水平低时,采食量多。而两者采食的能量基本相同。但是,动物胃容积有一定限量,果子狸胃容积约450毫升。日粮中代谢能水平高,会因采食过多而肥胖,而日粮中代谢水平低时,采食量又受胃容积的限制,食进的能量不足,使身体消瘦。根据饲养实际,果子狸日粮消化能水平保持在每1千克饲料10～13兆焦较为合适,最少不低于每1千克饲料10兆焦,不高于13兆焦。

(四)以能量为日粮基础的营养平衡

动物采食量是以日粮能量浓度而本能地加以调节的。各种营养素的平衡可以能量水平为基础,与能量保持一定的比例关系。各种营养素之间的能量比例合适,便可以满足动物的营养需要量。这种营养平衡的日粮叫平衡日粮。

能量与蛋白质的比例,称为蛋白能量比,是日粮营养素最基本的平衡。因为蛋白能量比是固定值,可以配合出合适的蛋白质含量(%)的平衡日粮。

蛋白能量比即每1千克饲料中含蛋白质量(克)与能量(兆焦)的比例。

例如,1千克饲料内含有蛋白质180克(18%),含有代谢能12兆焦,故蛋白能量比＝180/12＝15

蛋白能量比的值乘以代谢能水平(兆焦/千克饲料)即千克日粮中的蛋白质含量为15×12＝180,故蛋白质占日粮18%。

如果日粮代谢能水平为11兆焦/千克,其蛋白质含能应为 16.5％，以此推算，如果日粮代谢水平 10 兆焦，则蛋白质水平应为 15％。

氨基酸能量比为每 1 千克饲料中氨基酸的含量（克）与代谢能（兆焦）的比例。钙、磷需要量也应以能量水平为基础，来配制合适的平衡日粮。

（五）制订日粮配方的要求

1. 营养性　尽量满足果子狸的营养需要量。但任何单个饲料都很难满足这些需要，必须用各种饲料互相搭配。日粮配方的营养性，就是准确地平衡各种营养素之间的关系，调整各种饲料之间的配伍比例，力图使饲料发挥最大潜力，具有比较高的实际饲养效益。

2. 安全性　日粮配方所选用的饲料原料，必须安全可靠，含有毒素的饲料，例如菜籽饼、棉籽饼最好不用。

3. 经济合理　饲料占养殖成本的 60％～80％，提高养殖效益要从降低成本着手。因此，日粮原料的选择要因地制宜，充分利用当地饲料资源，降低饲料成本。

4. 科学合理利用资料　日粮配制必须掌握两方面的资料。一是营养的需要量。配制日粮时，不可能满足全部营养需要量，只需考虑采食量、能量、蛋白质、粗纤维、磷和钙的数量。二是饲料营养成分含量。任何饲料成分并非恒定的，常因产地、品种、收获季节、加工方法、分析测定误差等因素而有变动，所以，使用饲料营养成分表时，一般根据实际情况用平均值加减标准差来作为饲料养分的代表数值。

（六）日粮配方的配制方法

1. 查果子狸饲养标准估计量　例如，青年狸消化能 10.9

兆焦/千克饲料,可消化蛋白质为 15％,钙 1％,磷 0.6％,赖氨酸 0.8％。

2. 查饲料原料营养成分表 见表 6-1。

表 6-1　饲料原料营养成分表

饲　料	干物质 (％)	消化能 (兆焦/千克)	蛋白质 (％)	粗纤维 (％)	钙 (％)	磷 (％)	赖氨酸 (％)
玉　米	88.4	14.11	8.0	2.0	0.04	0.21	0.27
麦　麸	88.5	10.62	12.1	8.2	0.14	1.06	0.54
米　糠	90.2	11.38	10.4	9.2	0.14	1.04	0.56
豆　粕	92.4	13.14	44.0	5.4	0.32	0.62	2.54
鱼　粉	89.0	12.5	60.5	—	3.91	2.90	4.35
胡萝卜	10.0	1.34	0.9	0.9	0.03	0.03	0.01
红　薯	24.6	3.86	1.1	0.8	0.06	0.07	0.05
青　菜	6.0	0.79	1.4	0.9	0.03	0.04	0.04

3. 日粮初配 考虑到矿物质、添加剂 1％～2％作为这些原料的比例,其他原料按 98％～99％初配。初配考虑蛋白质、能量和粗纤维(表 6-2)。

表 6-2　青年狸日粮初配表

饲　料	干物质 (％)	初配比例 (％)	消化能 (兆焦/千克)	蛋白质 (％)	粗纤维 (％)
玉　米	88.4	35	4.94	2.80	0.7
麦　麸	88.5	15	1.59	1.82	1.23
米　糠	90.2	10	1.14	1.04	0.92
豆　粕	92.4	10	1.31	4.4	0.54
鱼　粉	89.0	5	0.63	3.03	—

饲　料	干物质 （%）	初配比例 （%）	消化能 （兆焦/千克）	蛋白质 （%）	粗纤维 （%）
胡萝卜	10.0	10	0.13	0.09	0.09
红　薯	24.6	10	0.39	0.11	0.08
青　菜	6.0	2	0.016	0.03	0.01
合　计		97	10.146	13.32	3.57
满足需要量			93.10	88.80	

4. 配方调整　由于能量和蛋白质都不够,则适当提高玉米和豆粕比例,略降低多汁饲料比例(表 6-3)。

表 6-3　青年狸日粮配方调整

饲　料	调整比例 （%）	消化能 （兆焦/千克）	蛋白质 （%）	粗纤维 （%）
玉　米	38	5.36	3.04	0.76
麦　麸	15	1.59	1.82	1.23
米　糠	10	1.14	1.04	0.92
豆　粕	13	1.71	5.72	0.70
鱼　粉	5	0.63	3.03	—
胡萝卜	8	0.11	0.07	0.07
红　薯	8	0.31	0.09	0.06
青　菜	2	0.016	0.03	0.01
合　计	99	10.9	14.84	3.75

5. 计算调整后日粮配方中钙、磷和赖氨酸含量　见表 6-4。日粮配方中钙、磷不但数量不够,而且比例也不合理,可通

过矿物质复合添加剂加以补充和调整。

表6-4　青年狸日粮调整后配方中的钙、磷、赖氨酸比例　（单位:%）

饲料	日粮比例	钙	磷	赖氨酸
玉　米	38	0.015	0.080	0.103
麦　麸	15	0.021	0.159	0.081
米　糠	10	0.014	0.104	0.056
豆　粕	13	0.042	0.081	0.330
鱼　粉	5	0.196	0.145	0.218
合　计		0.288	0.569	0.788

按照上述方法,拟出不同生长阶段果子狸的日粮配方(表6-5)。

表6-5　果子狸不同生长阶段的日粮配方　（单位:%）

饲料	幼狸	妊娠母狸	哺乳母狸	种公狸
玉　米	30	45	58	46
麦　麸	15	15	10	15
米　糠	10	9	—	8
豆　粕	10	12	16	12
鱼　粉	5	8	10	8
胡萝卜	12	5	3	3
红　薯	10	—	—	—
青　菜	5	—	—	5
预混料	3	3	3	3

(七)复合预混料的配制方法

1. 微量元素预混料配方

第一步:确定微量元素在日粮中的添加量。选择微量元素化合物,计算含量和纯度(见表6-6)。

表6-6 微量元素含量及化合物的纯度

微量元素	日粮中含量 毫克/千克	相应化合物	化合物含量(%)	微量元素含量(%)
铜	10	硫酸铜($CuSO_4 \cdot 5H_2O$)	98.0	24.8
铁	40	硫酸亚铁($FeSO_4 \cdot H_2O$)	98.0	32.3
锰	5	硫酸锰($MnSO_4 \cdot H_2O$)	98.0	31.9
锌	30	硫酸锌($ZnSO_4 \cdot H_2O$)	98.0	35.6
碘	0.15	碘化钾(KI)	1.3	1.0
硒	0.10	亚硒酸钾(Na_2SeO_3)	1.9	1.0

第二步:按上表计算 0.2% 微量元素预混料配方中微量元素及相应化合物的含量及配方(表6-7)。

表6-7 0.2%微量元素预混料配方 (单位:克/千克)

化 合 物	化合物用量	微量元素含量
硫酸铜($CuSO_4 \cdot 5H_2O$)	20.08	5.0
硫酸亚铁($FeSO_4 \cdot H_2O$)	61.92	40.0
硫酸锰($MnSO_4 \cdot H_2O$)	7.84	2.5
硫酸锌($ZnSO_4 \cdot H_2O$)	42.13	15.0
碘化钾(KI)	7.50	0.075
亚硒酸钾(Na_2SeO_3)	5.00	0.05
有机载体	855.53	
合 计	1000.0	

2. 复合预混料配方

以表 6-7 为基础,再添加复合维生素、氯化胆碱、赖氨酸、蛋氨酸、硫酸锰、磷酸氢钙、碳酸钙、食盐等,配合成 3% 的复合预混料(见表 6-8)。

表 6-8　3% 复合预混料配方　(单位:克/千克)

原　　料	配　　比
复合维生素	10.0
氯化胆碱	6.9
赖氨酸	5.0
蛋氨酸	2.5
硫酸锰($MnSO_4 \cdot H_2O$)	10.0
磷酸氢钙($CaHPO_4 \cdot H_2O$)	264.0
碳酸钙($CaCO_3$)	330.0
食盐(($NaCl$)	66.0
0.2% 微量元素预混料	66.0
载　体	239.6
合　计	1000.0

第七章　果子狸的饲养管理

一、果子狸饲养管理的技术要点

(一)构建适合果子狸生活的环境

果子狸在野生条件下,栖息地隐蔽而安全,生活地域广阔,从陆地到树梢,从溪边到山岳,自由自在,在驯养条件下,生活空间狭小。这种变化过于突然,必然影响果子狸的行为和机能表达。因此,为果子狸创造一个符合需要的生活环境,如设攀登的栖架、洞穴窝室,窝内通风良好,活动空间较大,环境幽静等。这是科学饲养管理的重要前提。

一切操作必须适合果子狸的本性,减少刺激因素,使其应激反应降低到最小程度。

(二)注意笼舍卫生,定期消毒

果子狸在驯养的条件下,饲养密度大,活动空间小,病原微生物密度高,关注卫生,适时消毒特别重要。饲养实践说明,搞好笼舍卫生,定期消毒,可降低果子狸病毒性肠炎的发病率。地面要经常打扫,粪便天天清除,食具每天清洗消毒,笼舍半月消毒 1 次。使用的消毒药物,要高效低毒,刺激气味小,可用新洁尔灭和 2% 的戊二醛。

要建立严格的防疫制度,笼舍门口要有消毒池和紫外线灯,禁止非饲养人员进入饲养区,新引进的种狸要隔离观察。按时逐个注射疫苗。

保持笼舍内通风,空气新鲜,光照充足,温、湿度适宜。窝内温度冬季保持 12℃ 以上,夏季 25℃ 以下;湿度保持 50%～60%。湿度过高,会导致病原微生物大量繁殖,引发疫病;湿度过低,空气干燥,也不利于果子狸的健康。

(三)管理人员要与果子狸建立亲和协调的关系

因为果子狸是野生动物,对环境因素刺激反应强烈,饲养程序的紊乱、噪声、狗叫等都会使它心跳加快,全身发抖,甚至体温升高。因此,不能按家畜的管理方法对待果子狸。

人与动物相处的长期实践说明,可以通过提供食物、语言、频繁接触,建立较为亲和的关系。相反,若粗暴对待,人与果子狸之间难于建立亲和协调的关系。所以,亲和的驯化方法要贯穿饲养管理的全过程。

(四)建立定时、定量、定温、定质的饲喂制度

定时饲喂可使果子狸形成条件反射,能促进消化腺的活动,有利于提高饲料的利用率。定量饲喂可以避免饱一顿、饿一顿的现象,喂得过多,引起消化不良,喂得太少,果子狸饥饿不安,不能安静休息。定温包括两层意思:一是植物性饲料在喂饲前需做熟化处理,因为果子狸不易直接消化生淀粉,经加热熟化后,淀粉糊化,体积膨胀,可提高消化率;二是加热熟化处理还可以破坏豆类饲料中所含的抗胰蛋白酶、红细胞凝集素、皂碱等有害物质,软化粗纤维,提高适口性。熟化前干饲料应加水,与水的比例为 1:3～5,加水量可按季节增减。饲料在喂前的温度,按不同季节气温而调节,做到"冬暖,夏凉,春秋温"。定质是指日粮原料品种构成不要变动太大,变更饲料要逐步改变,不可突然打乱果子狸已形成的采食习惯,以免引起消化不良。

二、果子狸不同季节的饲养管理

(一)年度饲养期的划分

成年雌果子狸的年生活周期可划分为准备配种期、发情配种期、妊娠产仔期、泌乳期和恢复期。每期都有当季的气候特点及果子狸的生理活动特点,其饲养管理方法亦有较大的差异。因而可将果子狸一年的饲养管理划分为几个饲养期:

3～5月份为发情配种期,6～8月份为产仔哺乳期,9～11月为恢复期,12月份至翌年2月份为准备配种期。当然,这是就一般情况而言,因为个体间的差异较大,例如有的母狸配种期可推迟至7月份,而有的早在1月份就出现性行为了(表7-1)。

表 7-1 果子狸饲养期的划分

月份	12	1	2	3	4	5	6	7	8	9	10	11
公狸	准备配种期			发情期			恢复期			恢复期		
母狸	准备配种期			配种期			产仔哺乳期			恢复期		

(二)春季的饲养管理

3月初,果子狸从冬眠中苏醒,活动增强,食欲回升,采食量逐渐增加,公、母狸开始向外排放外性引诱激素,相互闻嗅粪尿,寻找配偶。此时的饲养管理工作应以配种为中心,提高发情率和受配率,实行安全配种。

果子狸经过60天的冬眠期,体重降到最低点,而性器官和性细胞又在迅速发育。因此,要抓紧时机,调整饲料配方,多喂些果类和动物性蛋白质,饲料可添加酵母、麦芽、鱼肝油及维生素E,促进其性腺发育。但要控制能量饲料喂量,以免过肥,把配种时的体重指数(体重与体长之比)控制在86～100克/厘米。

配种期间,公狸之间常会因争夺配偶而厮咬,甚至致伤和致残。若在入冬以前进行合理组群,组成2公4母的配种群,则两雄性之间一般不会发生争斗。所以,要在冬前调配好配种群。

(三)夏季的饲养管理

夏初是成年母狸产仔哺乳期。此时瓜果蔬菜等多汁饲料丰富,饲料中可加一些南瓜、蔬菜,喂一些新鲜野果,隔2~3天喂一些新鲜蛇肉、鼠肉,但喂量1天不要超过45克。这对增加营养、促进泌乳,加速仔狸的生长发育,有重要作用。

果子狸害怕强烈阳光照射,窗户要用透气窗帘适当遮挡,防止阳光直接照射狸舍。更不容许烈日曝晒果子狸及其巢箱,最好在狸舍四周种植葡萄,以阻止强烈阳光直射。狸舍要通风、凉爽,使果子狸白天能舒适地休息。

果子狸害怕炎热,带仔母狸的笼舍要安装电风扇,适时开扇降温。舍内温度过高,母狸烦躁不安,仔狸又频繁吮奶,常会发生母狸吃仔现象。若运动场是水泥地面,午后要泼些水,降低地面温度,以便果子狸在较凉的运动场上活动。

夏天要供应充足的饮水,午后加喂些西瓜、香蕉之类的多汁清甜瓜果。混合料也要调稀一些,干饲料与水的比例可达到1:5,肉类(或鱼粉)喂量亦应适当减少。

要做好狸舍的灭蚊蝇工作,防止疾病传播,减少蚊蝇骚扰、叮咬。窝室内要做好防虱工作,防止发生皮肤病,以维护秋天新毛的正常生长,提高毛皮质量。

(四)秋季的饲养管理

秋季是果子狸冬前储备营养阶段,食量大增,采食量达到全年最高量。此时,对于种狸应控制食量,每只成年狸每天的饲料总量以185~250克为宜。狸群每月要调整1次,把过肥或过瘦的果子狸分别组群。肥群减少日粮总量,混合料中减少玉米等高能饲料,而代之以蔬菜、野果等青鲜多汁饲料,或者加入5％～8％的统糠,以达到减肥的目的。瘦群要针对消瘦的原因,采取相应的措施。如因体弱抢不到食而造成瘦弱的,应单独添食,使其尽快复壮。如果体内有寄生虫,则要用药物驱虫。

秋季是果子狸喜聚群的阶段,此时是编组繁殖群的好时机,如果在冬眠时组群,因相互不熟悉,易引起骚乱,影响冬眠。若推迟到春季再组群,更会引起相互争斗而发生伤残事故。所以,要抓紧时机,按繁殖要求组建配种群。

入秋以后亦是果子狸最佳上市期,市场需求量大,价格比其他季节成倍增高,因此,对不作种用的果子狸,即可育肥出售。育肥要创造安静、较暗的环境,每日饲喂量可提高到220～260克/只。

(五)冬季的饲养管理

冬季是果子狸冬眠季节,冬眠对果子狸的生长和繁殖都有其特殊的意义。因此,要对环境、室内小气候、管理和营养水平等方面作必要的调整,使果子狸冬眠能顺利进行。

首先,要保持狸舍有较暗的环境,窗户要遮光,防止寒风吹进窝内,适当增加果子狸的密度,以利相互依靠取暖,在巢箱四周覆盖保温物,尤其寒流入侵时,更要注意保暖,天气较温暖时,应该开窗通风。

其次,冬眠期间,果子狸活动减少,睡眠时间增多,应减少对窝舍的清扫次数,管理人员不要高声喊叫,走路和必要的管理操作都要轻手轻脚,尤其不要无故捕捉,以免干扰果子狸的冬眠,在狸舍周围禁止燃放鞭炮,防止出现嘈杂声音。

果子狸在冬眠期采食量下降,呼吸频率减慢,代谢水平降低,而性腺仍继续发育。因此,要适当减少能量饲料,增加动物性蛋白质饲料,添加维生素 A,维生素 D_3,维生素 E,以满足生殖细胞发育的营养需要。

三、仔狸的饲养管理

(一)哺乳期仔狸的饲养管理

1. 初生期的饲养管理

(1)检查初生仔狸的状况 母狸产仔后,野性增高,性情暴躁,护仔性强,育仔过程慈祥与暴躁并存。因此,在检查仔狸初生状态时,要做到手无异味,动作轻快,避免响声。

仔狸出生后,绒毛丰满,毛色较深,个体之间被毛颜色差异较大,深浅各异,有深褐、黄褐、灰白之分。头部黑白相间的七块白斑明显,外形与成年狸相仿。初生重 120～150 克,双眼紧闭,听道闭合,能爬行,无牙齿。刚出生仔狸体温调节能力不强,母仔互抱成团,依靠母体和窝内温度维持体温。这段时间,仔狸的死亡率最高,必须适时检查,掌握仔狸健康状况,发现异常及时处理,以提高仔狸的成活率。

(2)查听爬行状况和叫声 要从叫声中判断有无异常情况。仔狸出生最初几天,每天至少要查听 2 次叫声,以判断其健康状况。健康初生仔狸一般是不叫的,若叫起来也是声音短促、尖锐有力;而异常叫声,声音低长,嘶哑无力,常是因母狸缺奶、乳头不够或仔狸不舒适、饥饿等所引起,听叫声可以了解仔狸的情况。观察母狸的吃食、粪便、乳头及活动情况也很重要,所谓"母壮仔肥",健康的母狸必然能哺育出健壮的仔狸。母狸产后常停食 1～2 顿,因而使初乳分泌不足,仔狸饥饿而嘶叫。为此,产后应给母狸补喂生鸡蛋,每顿 1 只,连续喂 5

天,使母狸的食欲很快恢复正常。正常泌乳的母狸乳头红润饱满,奶水充足。仔狸吃饱了就睡,偶尔发出叫声。母狸日夜守护在仔狸身边,除了采食和排便时匆忙离窝外,很少出来活动,即使天气闷热难忍,被热得张嘴吐舌,也不会离开仔狸。一旦仔狸死亡或被母狸残食,母狸便从窝中离去,频繁进出窝室。

(3)检查窝巢　趁母狸离窝时迅速堵住母狸返回窝巢的通道,进行窝巢检查。为了避免异味带到仔狸身上,造成母狸抛丢或伤害仔狸,应迅速拿点巢穴的草搓搓手,或用母狸粪尿少许搓手,用手电筒照亮窝穴,逐个检查仔狸的健康状况。健康的仔狸皮毛干爽,躯体温暖,全身紧凑,在窝穴内抱成一团,唇肌常作吸吮状,用手抓它则剧烈挣扎、蹬踏有力。不正常的仔狸毛皮潮湿,体躯较凉,在窝内乱爬,挣扎无力,与同窝体况好的相差悬殊。

(4)生长发育观测　观察和了解仔狸哺乳期间的生长发育情况,判断其发育和健康状况,以克服饲养工作的盲目性。1～10日龄仔狸,吃饱了即沉睡,偶尔发出叫声。仔狸吸乳时,母狸用舌头按摩仔狸的会阴部,促其排泄粪便。仔狸的生长发育较快,5日龄比初生体重增加20%～25%,达到150～180克;10日龄体重增加到初生重的55%～60%,达到180～240克。仔狸的生长速度取决于三个因素:一是遗传性;二是仔狸的健康状况;三是母狸的泌乳量及母性。改善以上3个条件,可以提高仔狸的生长速度。

2.开眼期的饲养管理

(1)检查开眼期"练仔"情况　10日龄仔狸,眼已微开,爬行能力较强,从这时开始,每天晚上母狸都进行"练仔",母狸将仔狸从窝里叼到外面,让其乱爬乱叫。这是本能的学习方式,使仔狸识别窝穴方位,长大以后,一遇到天敌,便可选择最短的路线逃回穴洞。"练仔"时母狸高度警觉地在一旁注视,发现情况异常,就会迅速把仔狸叼回窝内。

(2)观察活动能力　20日龄时,仔狸体躯明显增大,体重一般在350克以上,眼睛全睁,听道已经开通,感觉日渐敏锐。初生时柔而韧的软骨,开始钙化变硬而支撑身体,走动仍然是爬行,有时向后倒退,大部分时间仍处于半睡眠状态。由于仔狸体躯增大,哺乳量大增,母狸开始大量采食,这时仔狸的发育快慢,全由母乳来决定。所以,要提高日粮的营养水平和适口性,增加动物性蛋白质和甜味饲料,少喂多餐,以提高采食量。每日喂2～3次,每次任其采食,能食多少就给多少。

(3)适时进行仔狸训练　20～30日龄,仔狸的体重达到400～500克,门齿显露,犬齿相继长出,并从爬行变为用腿行走。这时母狸的泌乳量开始下降,仔狸由于吃不饱而追乳,母狸有时逃避哺乳。这时母狸很容易与仔狸隔开,饲养人员要抓住这个时机,对仔狸实施驯服调教,进行抚摸等亲和训练,说一些温和的语言,建立人与仔狸的感情。经过训练,长大后性情温顺,便于管理操作。

(4)提早补饲　20～30日龄时母狸泌乳量急剧下降,因此,应及时进行人工哺乳。人工哺乳上下午各1次。人工乳的配方为粉奶40克,牛奶40毫升,鲜果汁20毫升,骨汤100毫升。

哺乳器用50毫升注射器、小胶管及奶嘴组成。奶嘴用钢笔水囊做成,把水囊剪去一半,取封闭的那段,在封闭端用大头针刺3～5个小孔。

哺乳时用注射器吸满40℃的人工乳,套上已装好奶嘴的胶管,把奶嘴放进仔狸的嘴里,慢慢推动注射器的活塞,让人工乳汁流进仔狸的嘴里,仔狸即会自行吸吮。人工补饲量:20~25日龄每次25毫升,26~30日龄每次30毫升。哺乳工具使用后要清洗消毒。

3. 开食期的饲养管理

(1)开食期仔狸的生理活动特点　仔狸达到40日龄时,长出犬齿,上下颌长出臼齿,四肢可以协调地奔跑,行为日渐复杂,这是形成生活习惯的最佳时期,母狸采食时,仔狸也会走近食槽,边舔边嗅,学习采食。仔狸通过嬉戏,模仿成年狸的行为,防御反射开始形成,逐渐显示野兽的本性,这也是训练仔狸适应驯养环境条件的最佳时机。此时仔狸体重达500~520克,皮毛丰满,从头到背脊已长出稀疏的针毛,显示十分可爱的外貌。

(2)训练仔狸采食　仔狸达40日龄时,母狸的泌乳量已至低谷,乳量已难于满足仔狸生长发育所需要的营养。因此,要尽快训练仔狸采食,防止发生营养不良,生长发育受阻。

训练可利用母狸采食时仔狸走近食槽边嗅舔的行为,配制些糊状饲料抹在长形小木板上,放在母狸食槽的旁边,通过母狸采食,逗仔狸舔食木板上的饲料,仔狸在母狸的带领下,学会从木板采食的本领。

仔狸学会舔食后,可将糊状饲料装在浅碟里,把母狸关进窝巢,让仔狸自由采食。其糊状饲料的调配方法是:玉米粉22%,麦麸8%,野果或南瓜30%,煮烂的蛇、鼠肉或鱼的内脏15%,黄豆(打成浆)15%,混合煮熟,冷却至40℃时加入10%的奶粉,搅拌成半流汁饲料,每天喂2次,以采食完不剩为宜。

人工补饲是改变野性的最好方法,此时是仔狸的学习敏感期,通过喂食,增加仔狸与人接触的机会,喂食前呼唤,喂食中抓痒,喂后抚摸,或者一手端着盘子,呼唤采食,一手抚摸和抓痒,使仔狸不致形成警戒间距,增加与人的感情。用这种方法培育出的仔狸性情温顺,喜欢接近人,并且体格健壮。

4. 断奶期的饲养管理

(1)断奶期仔狸的生理活动特点 仔狸达到50～60日龄,母狸乳汁枯竭,仔狸到达断奶期。断奶期仔狸容易产生应激反应。仔狸离开了母狸,切断了母源抗体来源,很容易感染疾病。如果断奶时更换环境,改变饲料,就会使仔狸面临"雪上加霜"的境地,轻者食欲下降,生长发育受阻,重者患病,甚至发生传染病流行,死亡率极高。所以,要特别重视仔狸断奶期的饲养管理,以减少发病率和死亡率。

(2)断奶期的饲养管理特点 针对断奶期仔狸的生理特点,应该采取相应的措施,减少应激刺激。第一,仔狸断奶时,同窝仔狸暂不分离,以减轻因母仔分离而产生的不良刺激,通过同窝仔狸相处,减轻应激反应,避免抵抗力下降。第二,原笼饲养,在断奶后半个月之内,仔狸依然居住在原笼中,断奶时只将母狸抓走,留下仔狸,保持仔狸断奶时的窝巢环境不变。第三,断奶后,仔狸所采食的饲料种类比例、数量和质量,应该与离奶前相同,保持不变。

由于断奶而产生的应激反应,经过10～15天的调养,便可顺利度过断奶后的这一危机时期,从而提高断奶仔狸的成活率。

(二)仔狸的早期人工哺育

1. 早期人工哺育的意义 早期人工哺育,是指出生后2～15日龄的仔狸,离开母狸,采用人工哺饲,使仔狸健康生长的一种哺育方法。从小就人工喂养的果子狸,由于早期形成了对人的印记,长大以后对人亲善,在饲养过程中安静、温顺,对人不会产生攻击行为。因此,人工哺养大的果子狸可用于人工采精、生理指标测定等。为了实现年产2胎,早期人工断奶的仔狸也需要人工喂养。在哺乳期因受干扰而被母狸遗弃的仔狸也需要人工喂养。对寡产的母狸,为了提高繁殖率,仔狸也要及早断奶,以便再次配种。因为母狸哺乳期受干扰有食仔习性,并窝寄养十分困难。母狸可以辨别异仔微小的气味差异,而将异仔咬死食掉。所以早期人工哺养有重要的意义。

2. 仔狸人工哺育生长阶段的划分 仔狸的人工哺育,需要根据仔狸不同的生长阶段,配制不同的日粮。仔狸的生长阶段按其对营养的需求,可以分为以下几个阶段。

(1)初乳期 产后1～2天为初乳期。初乳中含有母体的特异抗体,对于提高初生仔狸的成活率、抵抗疾病具有重要意义。而这种抗体还不能用人工配制。因此,人工哺育的仔狸必须是吃过初乳的,未吃过初乳的仔狸,人工哺育成活率极低。

(2)常乳期 出生后3～20天为常乳期。此期可通过喂乳器,哺喂人工乳。此阶段仔狸容易患消化不良或营养性腹泻。要注意调好人工乳的温度,哺乳器具须消毒,注意窝室保温,因为此期仔狸调节体温的能力差。

(3)乳料期 从21日龄开始,仔狸饲料由液体人工乳向糊状饲料过渡,在吮吸液体人工乳的同时,训练仔狸从盘中舔食糊状饲料,一旦仔狸学会了采食糊状饲料,便中止哺喂人工乳,并且不再用喂乳器。

(4)配合饲料期 从45日龄开始,由喂糊状饲料改为喂配合饲料。此时可以说是人工哺育的断奶期。

3. 人工乳和配合饲料配方 根据仔狸不同生长阶段对营养的需要和料形的要求,采用不同的乳料与饲料配方。

(1)常乳配方 鲜奶61克,奶油(含12%的脂肪)21克,蛋黄1个,骨粉2克,维生素A 2 000单位,维生素D 500单位,混合后加热至40℃,加入2克柠檬酸以凝集酪蛋白。

(2)乳料配方　牛奶粉40%,淮山米粉45%,豆奶粉15%,煮成糊状。

(3)配合饲料配方　玉米54%,麦麸8%,豆粕15%,鱼粉5%,南瓜15.5%,骨粉1%,食盐0.5%,煮熟冷却后,再加入1%添加剂。

4. 饲喂方法

(1)常乳哺喂法　喂乳的方法特别重要,乳流量要小而均匀,不能喂得太急,防止乳料进入气管,引发异物性肺炎。哺乳器用金属注射器制作为好,因上有螺纹刻度,可以控制喂量,比玻璃注射器好用。

喂量依日龄而逐步增加,初生第三天,喂量为体重的15%,每日喂8次。4~7天,喂量为体重的20%,每日喂6~7次。8~15天,喂量为体重的25%,每日喂5次。16~20天,喂量为体重的30%,每日4次。每次喂乳之前,用温半湿毛巾擦拭肛门周围,刺激其排粪尿。

(2)乳料哺喂法　仔狸从哺乳管吮乳到从盘中舔食糊状饲料,需经过1周的训练。开始可将糊状饲料抹入仔狸口腔中,每次喂前抹喂多次。然后改用小匙喂常乳,与此同时,将糊状料抹在食盘的四周,仔狸便可学会从盘中舔食。

(3)配合饲料饲喂法　将配合饲料煮熟,每日喂2餐,让其自由采食,以没有剩余为宜。

5. 人工哺育仔狸的管理

(1)保温　仔狸至20日龄才有较完全的自行调节体温功能。因此在20日龄以前要注意保暖。可在窝上方安装40瓦红外线灯泡供暖,如果仔狸出汗较多,被毛湿润,要将温度调低。20天后便可以取消供暖。

（2）垫草　仔狸的垫草要干净、吸湿好、保暖，纤维短，避免缠颈。垫草要定期更换，至少每天换1次。20日龄以前，可采用类似兔的产仔箱，上下由竹片钉成，便于通风，四周由木板构成。其规格为长30厘米，宽25厘米，高35厘米。20日龄以后，可转换到具有暗室的较大铁笼内饲养。

（3）消化道疾病的防治　人工哺育仔狸，常发生营养性腹泻和菌痢。发生营养性腹泻时，要停喂1～2次，以减轻肠胃负担，喂酵母1片，乳酶生1片，每日3次。营养性腹泻体温不升高，粪便不臭，呈蛋花状。菌痢主要由病原菌感染而引起，可在饲料或乳汁中拌入土霉素1片，维生素$B_1$1片，酵母1片，每日2次，一般2天可痊愈。

四、幼狸的饲养管理

（一）幼狸期的划分

幼狸期是指仔狸断奶后至性成熟的生长发育阶段。一般为2月龄至20月龄之间，历时18个月。部分幼狸在12月龄体重达5千克，进入初情期，但母狸受胎率很低，即使怀孕也无抚育后代的能力。绝大多数幼狸要经过两个越冬期才可达到性成熟，进入繁殖期。幼狸阶段的生长发育对成年期的生产性能和繁殖性能有重要影响，如果幼狸阶段生长发育受阻，必然使性成熟期后延，或者造成终生不育。幼狸仍处在生活习性的形成期，可通过调教，建立与人的亲和关系。所以，做好幼狸期的饲养管理工作，对于建立高产果子狸群有重要意义。

（二）幼狸的生长阶段

仔狸2月龄断奶，进入幼狸期。此时季节约为7月份。2～7月龄，即从7月份至12月份，5个月时间幼狸处于快速生长阶段。7月龄体重可达3.5千克，平均日增重15克。从8月龄至10月龄进入第一个越冬期（即至翌年1～3月份），处于生长发育停滞阶段，体重呈负增长，降幅约为6.2%。从11月龄（4月份）开始，生长发育再次起步，至18月龄（12月份），体重达5.5千克，平均日增重16克。随后进入第二个越冬期，体重再次呈负增长，降幅为13%。达24月龄进入繁殖阶段。

（三）幼狸的营养特点

幼狸期骨骼不断增长，肌肉不断丰满，是生长发育最旺盛的时期，也是采食量较大的阶段。为了使幼狸正常生长发育，营养要均衡供应，特别是蛋白质、维生素、钙和磷的供应要充足。饲料的能量浓度不可过高，消化能控制在10.88兆焦/千克的水平上，过高则脂肪沉积过多，影响性腺发育。可消化蛋白质为12%，氨基酸要平衡。首先第一限制性氨基酸——赖氨酸要达到0.7%。蛋氨酸是第二限制性氨基酸，比例要求达到0.43%。

（四）幼狸的管理

幼狸喜群居，能与不同来源的幼狸和睦相处，相互嬉戏，相互跟随，频繁攀登栖架，运动器官能得到很好的锻炼。因此，应给幼狸建立室外运动场，以50～60只为一群，在同一运动场中活动。场内设栖架，四周围墙高2米，墙要光滑平整。场内种植草皮，窝室可建在室内，有洞穴与运动场相连。饲养员利用投食和清扫的机会多与幼狸接触,增加人与动物的感情。

幼狸阶段是容易感染疾病的时期,要认真做好防病工作,应接种犬瘟热、传染性肝炎、细小病毒病、狂犬病疫苗。首次接种在6~8周龄,第二次接种10~12周龄,第三次接种14~16周龄。第三次接种后间隔12个月再次接种,以提高免疫能力。免疫接种是为了防病,千万不要不生病就不接种。

五、空怀母狸的饲养管理

空怀母狸的管理可分为恢复期、积脂期和越冬期三个饲养时期。恢复期从仔狸断乳到9月份,主要是恢复哺乳期中所消耗的营养和体力。积脂期为10~12月份,这是越冬前的积脂阶段,采食量和体重达到全年最高水平。越冬期从12月份到翌年2月份,即从冬至到雨水,果子狸处于浅度冬眠状态,采食量和体重都降到全年最低水平。

(一)恢复期的饲养管理

仔狸断乳后,母狸又要重新组群,如果处理不恰当会发生相互厮咬,造成伤残,甚至造成死亡。断乳后母狸的护仔行为逐渐消退,对自己的活动领域强烈维护,不允许其他个体侵入,所以断乳后,母狸要单个笼养,独自居住一段时间,与隔壁的果子狸通过气味交流,逐渐相互熟悉后,才可以将它们合并在一个笼内。

果子狸在恢复期食欲逐渐旺盛,饲料的消化能浓度以11.72兆焦/千克为宜,可消化蛋白质为12%。但要根据果子狸的体况,控制好食量,每日采食量不要超过150克。如果体重增加过快,会造成膘度太高,降低翌年的发情和配种能力。

(二)积脂期的饲养管理

从 10 月份开始,果子狸进入了积脂阶段,采食量达到全年最高峰,体重增长很快。此时要控制膘满度,使体重指标控制在 98～116 克/厘米之间。过肥,种狸活动减弱,不利于生殖器官的恢复和生殖细胞的发育。种用狸在积脂阶段多采取限制饲养,饲喂不平衡日粮,日粮中用 5％～10％的统糠,降低日粮的能量浓度,可使果子狸达到饱感,控制体内脂肪贮积量,或采取隔日饲喂法,即一天喂两日饲料量的 70％,第二天不喂。也可控制喂量,按正常饲料量的 80％给饲。以上方法可以有效控制种狸体重和体内脂肪沉积量。

(三)越冬期的饲养管理

在越冬期,果子狸隐居洞中,食欲减退,休眠增多,常呈昏睡状态,体内贮积的脂肪逐渐消耗,然而睾丸和卵巢在发育,性细胞不断增殖,因此能量饲料要大量削减,混合饲料采食量控制在 50～70 克之间,而其中蛋白质饲料要提高到 16％～18％,使在低采食量的情况下摄入足量的蛋白质,尤其动物性蛋白质的比例要占蛋白质总量的 20％～30％,维生素 A 和维生素 E 亦必须充足供应,并增加一定量的水果,这些对于发情有促进作用。

果子狸在冬眠期,要保持安静的环境和较暗的光照,因此窗户要适当挡光,减少清扫次数,以保证果子狸能安静休息。使果子狸在冬眠结束后,便进入发情期。

六、配种期种狸的饲养管理

(一)控制体重,避免过肥

雨水一到,果子狸便进入了繁殖前期。在营养方面,要防止身体过肥。一是防止群体营养水平过高,要通过降低日粮能量浓度,保持日粮的消化能在 11.72 兆焦/千克左右,采食量 150 克左右;二是防止肥胖个体增多。发生肥胖个体的主要原因是这些个体在群体中占有优势地位,如性情强悍,欺弱霸槽,采食量高于其他个体。因此,要及时调整狸群,挑出肥胖个体,单笼限制饲养,或将强壮狸单独组群,对于身体瘦弱的个体,也要单笼饲养,增加喂食量,使其尽快复壮。

(二)添加维生素

维生素 A,维生素 D_3 和维生素 E 对提高果子狸的繁殖力有重要作用。

由于果子狸采用熟食喂养,而维生素 A,维生素 E 在高温中蒸煮时受到破坏,因此,这二种维生素必须等温度降到 40℃以下时才加入饲料中。其添加量为每千克饲料加维生素 A 1 万单位,维生素 D_3 1 000 单位,维生素 E 60 毫克。

(三)增加光照

果子狸在光照开始增加时便启动丘脑下部-垂体-性腺生殖轴。尽管在 12 月份雄狸睾丸组织就有大量的精母细胞了,然而由于江南"春无三日晴",真正的发情高潮却出现在 4 月份。如果从 2 月份开始,在果子狸喜光期,即光照敏感期,在午夜 12 时增加 1 小时光照,则可提前 1 个月发情,而且发情整齐。增加光照的方法是在笼舍上方 50 厘米处,安装 1 盏 15 瓦灯泡,午夜 12 时开灯 1 小时。值得注意的是,果子狸害怕强光刺激,所以灯泡的功率要控制在 15 瓦以内。过强的光刺激反而会产生光钝反应,不能起到催情作用。

(四)多雄单雌配种

多雄单雌配种是提高雌狸排卵量和受胎率的可靠方法。多雄可以提高笼舍内雄性激素的分泌量和浓度,雄性之间的竞争不但可以提高精液质量,还可刺激提高雌体的激素水平,使雌狸的产仔数提高。然而,多雄单雌必然产生雄性之间的争斗,甚至造成伤残。使雄性之间和睦相处,是实现多雄配种的基本要求。其实果子狸是具有种内互助、协同生活的动物。如果在配种季节开始前 2~3 月,让多个雄狸同居一舍,使它们相互熟悉,和平相处,那么到了繁殖季节就不会为争夺交配权而厮咬了,只会相互挤拥,却不厮咬,是一种仪式上的争斗。这是在组织配种群时必须注意的问题。

(五)用中药催情

果子狸结束冬眠、进入繁殖季节的前期,服用中药,可启动丘脑下部-垂体-性腺生殖轴。中药处方为党参 10 克,当归 15 克,肉苁蓉 10 克,淫羊藿 20 克,阳起石 10 克,白术 10 克,巴戟天 10 克,狗脊 10 克,炙甘草 5 克,经 80℃烘烤 24 小时,再粉碎过筛,每只种狸每天用 20~25 克,20 天后便可发情。

七、雌貂妊娠期的饲养管理

(一)准确判定妊娠母貂

只有确定是否妊娠,才能采取相应的饲养管理措施。空怀和妊娠母貂的饲养管理方法是不同的。妊娠母貂应单笼饲养。妊娠诊断并不困难,妊娠中后期从母貂的行为和形态便可确诊。妊娠母貂比较安静,恋窝喜卧,不喜动,神态稳重,行动小心,腹围增大,乳腺发育,乳头变粗变红。而关键是要早期判定是否妊娠,以便对空怀母貂早期采取补配措施,提高受胎率和产仔率。

(二)防止妊娠母貂流产

母貂一经诊断为妊娠后,应立刻单笼饲养,防止公貂交配,导致流产,保持饲料的均衡供应,避免过胖或过瘦。平时管理操作动作要轻巧,不可惊吓母貂。在非捕捉不可时,切不可猛追猛捉,最好采用捕网兜捕捉,先将母貂诱回窝室并在窝室口放上捕网兜,再轻轻把它赶出,使它走进捕网兜,然后扭卷网兜,母貂就动弹不得了。

如果母貂阴部流血或有流产迹象时,可肌内注射黄体酮5~10毫克,维生素E5毫克,每日2次,连注3日,进行保胎。

(三)充分供给所需营养

妊娠母貂的营养应达到中上水平,即饲料的消化能达11.72~12.13兆焦/千克,可消化蛋白质14%~16%,到临产前日粮量可减少 1/4～1/3。

妊娠母狸对维生素的需要量相当高,饲料缺乏维生素 B
族时,母狸食欲减退,胎儿发育受阻。缺乏维生素 A,维生素
D_3 和维生素 E 时,往往导致死胎、胚胎吸收或流产。每一妊娠
母狸每日应补充维生素 A 600～800 单位,维生素 D_3 80～120
单位,维生素 B_1 0.3～0.6 毫克,维生素 B_2 0.4～0.6 毫克,维
生素 E 2～5 毫克,维生素 C 10～18 毫克。

对妊娠母狸应特别注意饲料的质量和卫生,谷物不能有
霉变,配合饲料要加入防霉剂,因为母狸妊娠期正处于高温、
高湿的季节,饲料粉碎后存放半个月左右便会发生腐烂,因
此,除了注意改善饲料的贮存条件外,加入防霉剂也是一种有
效的防霉烂办法。特别要注意防鱼粉霉烂,变质的鱼粉含有多
种毒素,可造成妊娠母狸流产。

八、产仔和哺乳母狸的饲养管理

(一)保持狸舍环境安静

嘈杂的环境,如狗叫声、爆竹声、果子狸的叫声,都会引起
临产母狸情绪紧张,会影响分娩或造成难产。果子狸嗅觉十分
灵敏,能准确辨别主人和外人的气味,当嗅到生人气味时,会
全身惊战不止,不能让外人接近母狸。母狸进入妊娠后期,产
仔舍与配种母狸舍不能混放在同一饲养舍内,因配种时公、母
狸的叫声、交配时狸群的骚动,都会破坏环境安静。产仔舍要
进行封闭式管理,只许母狸十分熟悉的饲养人员进出产仔
舍。

(二)判断仔狸能否吃到足够的初乳

幼狸尖声惊叫不止,是未吃到足够初乳的信号。此时应给母狸充分饮水和提供适口、营养丰富的饲料,在较稀的饲料中加1个鸡蛋和少量白糖,以刺激母狸的食欲,连续喂鸡蛋3~5天,泌乳量会很快增加,仔狸食足了奶水就再也不吵闹、不嘶叫,这便是吃饱乳的信号。催乳以药物加入饲料中喂服较合适,对母狸干扰小,不易引起应激反应。常用催乳中药方为:①当归10克,黄花20克,王不留行15克,甘草5克。②生麦芽15克,炒王不留行10克,漏卢10克,龟板15克。以上药方任选1种,粉碎后加入饲料中,每日分2次服用。

(三)增加饲喂量和提高饲料能量与蛋白质水平

以1只母狸哺育4只仔狸计,仔狸日均增重10克,4只仔狸40克,以乳增重比为5:1,每日泌乳200克,20天累计达4 000克,相当于母狸的体重。其营养的需要量处于高水平状态,因此,饲料的消化能要达12.55兆焦/千克,可消化蛋白质18%,每日采食量要达到400~500克。母狸胃的容积有限,要少量多餐饲喂,每日喂2~3顿,添加少量白糖或蜂蜜,以增加适口性。饲喂量要从产后7天开始逐渐增加,到产后20天喂量达到最高,一直保持到45天,泌乳期结束为止,以充分发挥营养的促乳作用。

第八章　果子狸的繁殖

一、果子狸的繁殖生理

(一)性成熟和适配年龄

果子狸到 12～14 月龄,体重达 5.5～6 千克,体重指标为 100～110 克/厘米时,即达到性成熟。体重与性器官是同步发育的。性成熟的母狸,其卵巢具有产生卵子的能力,成熟的卵子能受精,母狸也能正常妊娠与分娩。但此时母狸还未达到体成熟,哺育能力极差,不会照料抚育仔狸,因而仔狸成活率很低。到 24 月龄,身体各器官生长发育基本完成,达到了稳定的成年期,即已达到了体成熟,进入了正常的繁殖期,不论发情、配种、分娩和抚育幼狸都能适应。

果子狸的繁殖利用年限 2～10 年,繁殖高峰期雌狸在 4～8 岁,雄狸为 3～7 岁,生命期 15 年左右。

(二)发情年周期

果子狸属季节性多次发情动物,8～11 月份为乏情期。从 12 月中旬进入繁殖前期,睾丸和卵巢开始增大,睾丸组织中可见到睾丸中有大量精母细胞,卵巢卵泡开始发育,因此,有个别的母狸能在此期间怀孕。

2 月初,冬眠结束,成年果子狸便进入发情阶段,发情旺期在 4～5 月份。这时母狸卵巢明显增大,纵径由 0.6～0.7 厘米扩大到 0.92～0.95 厘米,横径由 0.49～0.52 厘米增加到 0.58～0.61 厘米,皮厚由 0.2～0.31 厘米增加到 0.35～0.43 厘米。雄狸睾丸体积迅速增大。雌雄性腺的活动盛期的重叠时间为 2～6 月份(表 8-1),从 7 月份以后,雄狸对高温和光照十分敏感,产生热应激反应,睾丸体积缩小,精液品质变劣。此时雌狸仍然发情,卵巢中仍有成熟卵泡,但因雄狸精液品质变劣,而不能受孕,即使受孕也多因热应激而流产。如果将种狸移至半地下室,在室温 20℃～25℃、光照较暗条件下,将使受孕情况大为改善,基本可以安全受孕与分娩。

表 8-1　成年雌果子狸的发情季节及受胎情况

月　份	2	3	4	5	6	7	合计
发情(头)	8	10	13	27	5	2	65
发情率(%)	12.3	15.4	20	41.5	7.7	3.1	100
受胎(头)	7	10	12	25	4	0	58
受胎率(%)	87.5	100	92.3	92.6	80	0	89.2

(三)发情周期和排卵期

雌狸发情周期是指从一次发情开始到下一次发情开始的时间。发情周期为 16～20 天。在此期间内可分为发情前期、发情旺期、发情后期和乏情期 4 个时期。

发情持续期是指雌狸愿意接受交配至拒绝交配的时间,一般为 5～6 天。此期的特征是出现交配欲,喜欢接近雄狸,并且站立不动,把尾巴倒向一侧,接受雄狸爬跨与交配。

排卵是指卵子从成熟的卵泡中排出的过程,卵泡在排卵前 2～3 天迅速成熟,通过雄狸的交配刺激,卵泡破裂,顷刻之间卵子移出裂口,进入输卵管。果子狸属于刺激性排卵动物,在发情旺期,通常交配15~25次,不断地交配有利于刺激排卵。如果只交配1~2次,因刺激不够,未能排卵,因而受胎率较低。

(四)生殖激素

果子狸周期性发情,主要受生殖激素的控制。了解这些激素的种类和功能,有利于了解其发情、受胎、分娩规律,以及采取人工催情的方法与时机,提高繁殖率。

生殖激素主要有三类:即促性腺激素释放激素、促性腺激素和类固醇激素。

促性腺激素释放激素来源于丘脑下部,能控制垂体前叶合成和释放促性腺激素。

垂体分泌的促性腺激素有促卵泡激素(FSH)、促黄体激素(LH)及促乳素(PRL)3种。促卵泡激素促进母狸卵泡发育、成熟和雄狸精子形成。促黄体素促使卵泡排卵和形成黄体,也可以刺激睾丸产生睾酮。促乳素促进乳腺发育及泌乳。

类固醇激素包括雌激素和孕酮,雄性则是睾酮。雌激素的功能是促进发情、雌性生殖道发育、增加子宫收缩力。孕酮促进子宫腺发育,抑制子宫收缩,维持子宫妊娠。睾酮促进精子生成,促发性欲。

(五)生殖激素与发情周期的关系

果子狸的生殖过程与生殖激素有密切的关系。母狸发情前,雌激素水平首先升高,促使它出现发情前兆行为。例如,阴门流血、吸引雄性又拒绝交配,对雄性产生攻击。发情前期,雌激素逐渐升高,到发情旺期,雌激素达到最高峰,母狸阴门肿胀,愿意接受雄性交配。随后雌激素水平急剧下降,促黄体素便大幅度升高,尤其通过性交配刺激,达到最高水平,促进排卵。排卵以后,孕酮水平迅速升高,如果不能怀孕,孕酮水平逐渐降低。经 16～20 天,雌激素又开始升高,其他激素产生相应变化,如此周而复始,直到光照、气温变化抑制了丘脑下部-垂体-性腺生殖轴,果子狸便进入了休情期。

二、果子狸的发情过程

(一)发情前期

母狸的发情前期从外表看,是从阴门开始水肿、阴道排出粘液到第一次接受交配之间的一段时间。

1. 行为表现 雌狸精神兴奋,食欲减少,喜站在高处,跳上跳下,常走近雄狸,并主动追逐雄狸,闻嗅雄狸会阴部,喜欢爬跨雄狸,前肢紧抱雄狸后腰,臀部前后抖动,作交配姿势,但拒绝雄狸爬跨,或者发出攻击。尿频而少,性情急躁,闻嗅雄狸粪尿,不时发出"卟,卟"的喷鼻声。

2. 阴门 阴毛开始分开,阴部外露,阴唇充血、外翻。阴户微张、红肿,富有弹性,阴蒂呈圆形,流出小量粘液,或带少许血色,具腥臭气味,肛门红肿外翻,肛门腺与会阴腺分泌物增多。

3. 阴道 发情前期开始,阴道较松弛,粘膜水肿,呈玫瑰红色,可见纵向皱褶及一些红色分泌物。

(二)发情旺期

从开始接受交配到最后 1 次交配为发情旺期,维持 5～6天。

1. 行为表现　雌狸追逐雄狸、走到雄狸前面,将臀部对着雄狸头部,等待交配。雄狸蹲坐时,它也蹲坐在雄狸旁,频频舔阴部,或舔雄狸阴茎,频频排尿,到处闻嗅,不时发出"唧吱!唧吱!"短而尖的叫声。雄狸爬跨时,静立不动,接受交配。

2. 阴门　阴门水肿明显,外翻,松弛开张,阴门上有皱纹,颜色粉红,分泌大量淡红色粘液,大腿内侧毛全被浸湿。

3. 阴道　阴道发粘、有阻力,粘膜变成淡红色,皱褶界限不清,子宫颈开张,持续期为5～6天。这是配种的最佳时间。

(三)发情后期

发情后期是指最后1次交配到性欲消失,这段时间为5～6天。

1. 行为表现　雌狸性欲减退,离开异性,拒绝雄狸爬跨,食欲和排尿恢复正常,很少舔外阴,对雄狸的兴趣降低。

2. 阴门　阴门开始萎缩,阴唇有皱褶,张力较大,外翻平而光,呈浅红色。

3. 阴道　松弛,粘膜发白。

三、果子狸的配种方法

(一)配种的时间

果子狸的交配时间在19时至凌晨5时的占71%,黎明5时至6时及傍晚18时至19时的占16%,白天6时至18时的占13%。

果子狸的交配属于无锁结(不同于狗,狗有锁结)型,交配后即分开,因无锁结,可以多次插入、有抽动和单次射精,每次交配的爬跨次数达 10～13 次,每次爬跨均有插入和反复抽动,每次爬跨和插入时间约 3 分钟,最后 1 次插入时间至射精 8～9 分钟。射精后,保持插入状态约 1 分钟。1 次交配持续时间约 35 分钟。雄狸间隔 2～2.5 小时,可再次进行交配,每昼夜可交配 3～6 次,1 个情期可交配 15～25 次。

(二)最适配种时机

在雌雄混合组成配种群时,雌雄任意交配,不必确定最适配种时间,一般交配 2～3 次便可受胎。但若放纵不管,雄狸体力消耗过大。因此,应采取人工控制交配,有必要确定最适的配种时间。

要确定最佳的配种时间就必须先确定排卵期。因为,只有在排卵期交配,才能保证受胎。果子狸的排卵期通常在发情旺期的第二、三天,在此时配种,便可促进成熟的卵泡排卵,一般交配 2～3 次即可。发情旺期是从雌狸第一次接受交配时开始。其实第一次交配一般不会受孕,因为雌狸此时还没有排卵,只起到刺激排卵的作用。排卵时间多在第一次交配后的第二天和第三天。因此,在第一次交配后的第二、三天再次交配,便可以达到很好的受胎效果。发情旺期开始的时间也可从雌狸的行为表现来确定。从阴户水肿达到最大程度,颜色呈潮红色,即所谓"粉红早,紫色迟,大红正当时"。如果雄狸触及到阴户,雌狸便站立不动,尾巴侧向一侧,便是最佳配种时间。

(三)配种方式

果子狸交配持续时间较长,雄狸在同段时间里,若与一头雌狸交配后,一般不再与另外发情的雌狸交配,而雌狸却能与多头雄狸交配。配种要利用果子狸这一习性,设法提高受胎率。

1. 一雌多雄控制交配　雌雄狸比例以 1∶3 或 1∶4 组群饲养,发情后将雌、雄分开单笼饲养。至发情旺期的第一天、第二天、第三天将雄狸放入雌笼中交配,配种结束后,便将雄狸隔开。这种配种方式由于配种次数得到控制,雄狸精力充沛,性欲旺盛,雌狸受胎率高。

2. 多雄多雌自由交配　每群 2～3 只雄狸、4～7 只雌狸,同群饲养,自由交配,雄狸之间竞争,可以提高激素水平,雌狸可与多个雄狸交配。

3. 多雄双重配种　每个配种笼中有 2～3 只雄狸、4～6 只雌狸,同群饲养。雌狸发情以后,雌雄配对于上午 7～8 时放入同一笼中配种,交配后取出雄狸,于傍晚 16～17 时,放入另 1 只雄狸配种。这样有利于保护雄狸的健康和配种能力,又可提高受胎率,还能准确推算预产期。

(四)交配次数

果子狸在发情旺期的交配次数与受胎率有密切的关系,交配 2 次以下,受胎率很低,交配 3～5 次,受胎率为 83.3％,高于 5 次,受胎率提高不明显。每次交配后雌狸都会排出 1 枚橘红色、凝胶状圆锥形阴道栓,是交配成功的标志,并有防止精子倒流、加速精子运动的作用。

四、果子狸的妊娠过程

(一)胎儿的发育

卵子在输卵管中与精子结合而受精,称受精卵。受精卵移至输卵管中部暂时停留形成胚胎,8～9天后胚胎进入子宫,15～20天后胚胎附植在子宫里,即胚胎与母体建立了胎盘联系,可从母体血液中吸收营养,并把代谢产物排入母体血液中。

果子狸的胎盘属于带状胎盘,即胎儿的胎盘呈带状。至配种后20天,胎盘内充满液体,空腹检查时,可以摸到子宫中卵圆形的子宫鼓。第三十天左右,胚胎突起呈球形,是摸胎的最佳时机。随后胎儿不断发育长大,其重力向下牵挂子宫,因此,子宫从骨盆前缘向下弯曲进入腹腔后部。至配种后50天,子宫占据了腹腔从骨盆前缘到肝脏的全部空间,并向背部和后部发展。

随着胎儿发育和子宫扩大,孕狸体形发生变化,至妊娠第五十至第五十五天,孕狸腹部明显增大,有明显的胎动,食量减少,采食次数增加,乳头增长、变红。

(二)妊娠诊断

果子狸是季节性多次发情动物,它性喜群居,重复发情往往被忽视,空怀不易觉察。虽然可从腹围和乳房的发育程度初步确认妊娠,而体重增加和乳腺发育,不仅仅是妊娠才出现,过度饲喂及假妊娠都能产生同样的情况。因此,及时确认妊娠与否,对空怀母狸进行补配,是提高果子狸繁殖率的重要措施之一。

妊娠诊断的方法虽很多,但多普勒A型仪或B型仪扫描、腹腔镜检查、血液学检查,都不适用,因为抓捕、采血会产生强烈的应激反应,易引起不良后果。最简便和实用方法是徒手触诊。

触诊可在早晨空腹时进行,一助手持颈钳,固定头部,另一助手抓住两只后脚,术者双手呈"八"字形从腹前往后缓缓触摸,要使雌狸腹部放松,以便准确触诊。

在交配后的第二十天,可触及子宫的变化,胚胎使子宫鼓起,各胚胎间分隔明显,形成子宫鼓。早期触诊最大的困难是孕狸精神紧张,腹壁张力增加,无法触到子宫。因此,在触诊检查时后肢的保定要适当放松,使孕狸稍能活动,以减少腹壁张力。

交配后的第三十天是触诊的最适时间。这时胚胎呈球形,一个一个的子宫鼓非常明显,这时妊娠诊断的准确率高(表8-2)。

表 8-2　果子狸妊娠触诊检查效果

触诊时间	只数	手　感	触诊准确率
配种后 20 天	55	子宫鼓起	63%
配种后 30 天	52	胚胎球形	92.5%
配种后 55 天	54	触及胎儿	100%

在交配后 40~50 天,胚胎之间的界限消失,子宫体积扩大,很难摸到一个一个的子宫鼓,因而增加了触诊的困难和影响触诊的准确性。

配种后 55~57 天,孕狸外阴肿胀,呈红色,从阴道流出浅褐色粘液,食欲退减,可见明显的胎动,呼吸变快变粗,常可以从腹壁处触及胎儿。

(三)妊 娠 期

雌狸的发情旺期 5~6 天,很难确认受胎发生在哪一天,但妊娠期变化很小,说明雌狸排卵期是较稳定的。如果从排出第一枚阴道栓算起,其妊娠期为 60.3±1.6 天,如果从最后 1 枚阴道栓算起,为 57±1.6 天(表 8-3)。

表 8-3 果子狸的妊娠期

雌狸数	排出第一枚阴道栓(月·日)	排出最后1枚阴道栓(月·日)	产仔期(月·日)	妊娠期(天)
12	2·28	3·5	5·1~2	61±1.5~57±1.5
10	3·19	3·15	5·14~16	60±1.5~57±1.5
18	4·10	4·5	6·1~7	60±1.5~57±2.0

五、果子狸的分娩

(一)临产预兆

临产期的果子狸处于高度紧张状态,如果遇到干扰和刺激,就会影响分娩或引起难产,甚至发生食仔行为。因此,熟悉雌狸的临产预兆,及时做好临产前的准备工作,保持狸舍周围环境安静,减少应激因素,以提高仔狸的出生率和存活率。

临产前孕狸烦躁不安,频繁进出窝室,常抬头四处张望。临产前2天,乳头流出乳汁,频繁排尿,从阴道流出浅褐色粘液,食量减少,体温降低,呼吸加快,舐阴门区,胎动明显,这些都是产前征兆(表8-4)。孕狸出现这些情况,要立刻做好接产的准备工作。

表 8-4　孕狸的临产预兆

行为表现	预兆持续时间 （小时）	出现预兆至分娩的时间 （小时）	出现率 （％）
不　安	8	8～12	68.2
食欲下降	20	3～168	37.1
舐阴门区	12	2～48	13.8
呼吸加快	12	2～48	30.8
排出褐色粘液	8	7～20	34.6
绝　食	8	4～9	95～100

　　雌狸分娩预兆，停食出现率为95％～100％。孕狸分娩的当晚，一般都停食，如果第二天发现食盘中食物未吃，肯定孕狸已经产仔。临产的当晚排出褐色粪便，出现率达75.3％。

（二）分娩过程

　　雌狸的骨盆是开放式的，有利于分娩，分娩连续进行，每5～15分钟娩出1只仔狸，分娩过程持续1～2小时。仔狸头颈露出阴道口时，母狸转过头来撕破羊膜，舐舔仔狸或者用嘴衔仔狸，当仔狸娩出后，母狸即将其身上的羊水舐干，咬断脐带。一胎仔狸全部娩出后，再经过15～20分钟，母狸便排出胎衣，并且将其吃掉，至此分娩过程结束，母狸开始哺乳。

　　遇到难产时，可注射前列腺素 E_2（$CPGE_2$）引产。前列腺素 E_2 能刺激子宫平滑肌收缩。使用方法：0.3毫克前列腺素 E_2 2支，10单位合成催产素2支，配成混合液，直接注入子宫腔内。先用0.1％高锰酸钾液或新洁尔灭溶液做外阴消毒，再以甘油注入阴道做润滑剂，然后用长7～8厘米细导管（管内插一经消毒的细铜线，使不致弯曲）徐徐插入子宫腔内、羊膜腔外，在管内无回血及羊水流出时立即用注射器将已配好的

药液注入,在药液中加氯化钾效果更好。此方法引产快,无副
作用。

六、影响果子狸繁殖的因素

(一)驯化程度

驯化程度是影响果子狸繁殖的最重要因素之一。刚从野
外捕获的果子狸,尚处于应激状态,在发情季节无发情表现,
即使注入外源激素,也多为隐性发情,阴户水肿,却拒绝交配,
虽经注射安定注射液,消除紧张状态后,可交配1~2次,却不
能受孕。驯化2年后,繁殖性能有明显改善,驯化3年以上,其
繁殖性能可达到野生状态的水平。从野外捕获的仔狸,驯化效
果优于成年狸,人工繁殖的后代,只要达到性成熟,就能正常
繁殖(表8-5)。

造成上述结果的主要原因是刚从野外捕获的成年果子
狸,在强大的自然条件影响下,形成了与自然条件相适应的行
为方式,其原栖息地隐蔽而安全。在驯养的条件下,栖息地突
然改变,很小的刺激便引起强烈的应激反应,逃入巢穴,颤抖

表8-5 驯化程度对果子狸繁殖的影响

试验批号	年龄	数量(只)	驯化年数	自然发情(%)	人工催情(%)	配种率(%)	产仔率(%)
1	成年	5	1	0	100	40	0
2	成年	5	2	20	100	60	33
3	成年	15		80		100	80
4	幼年	5	1	60		100	60

注:观察的均是野生雌果子狸

不止,较长时间处于惊恐之中。通过2～3年的驯化,才能逐渐习惯驯养下的生活环境,动物与人的感情日渐加深,野性淡化,繁殖性能便可恢复正常。年幼的野生果子狸受自然环境影响较浅,野生行为未充分发育,容易适应驯养下的环境条件,因而驯化效果较成年好。

(二)体重指数

果子狸积脂能力强,极易肥胖,而发情季节又在秋天能量大量积存之后,肥胖度较高。正确掌握合适肥胖度是提高繁殖率的重要措施。试验证明,11月份体重指数为120克/厘米以上,会影响发情和受胎率。体重指数在100～115克/厘米之间,符合繁殖种用体况,能获得较满意的繁殖效果,体重指数在86～95克/厘米之间,影响发情,但对受胎和产仔影响较小(表8-6)。

表8-6　雌性果子狸体重指数对繁殖的影响

批　号	只　数	11月份体重指数 (克/厘米)	发情率 (%)	受胎率 (%)	产仔率 (%)
1	7	120～125	29.0	—	—
2	24	100～115	91.7	86.3	94.7
3	5	86～95	60	66.6	100

(三)冬眠期光照强度

果子狸是夜行动物,对强光刺激十分敏感,冬眠期的光照强度直接影响出眠后的发情。据观察,在黑暗条件下度过冬眠的,其发情率与受胎率均较高(表8-7)。

表 8-7　冬眠期光照强度对果子狸发情、受胎的影响

试验批号	只　数	光照情况	发情率 (%)	受胎率 (%)
1	20	自然光	0	0
2	40	暗光	52.5	90.5
3	32	黑暗	93.75	98.0

　　由上表可见,果子狸在冬眠期窗户遮光,形成黑暗环境,使之能安静休息,可提高发情率与受胎率。而窗户敞开,舍内自然光强度大,果子狸不能安静休息,因而会降低冬眠后发情率。但在光敏期增加 1 小时的弱光刺激,又可刺激其提前发情。因为光照过强会产生“光钝反应”,而适当光照又可起促进发情的作用。

(四)管理不当引起产后食仔

　　母狸产后 1~7 天受到不良因素的刺激,常发生叼仔、弃仔或食仔。在野生条件下,这是对抗天敌的保护性行为,而在驯养条件下,则是有害行为,常使人工繁殖失败。这些因素主要是:

　　1. 驯化程度低　驯化初期设置暗产箱可避免强光刺激,减少人的干扰,有利于防止食仔。随着驯化程度的提高,人与果子狸接触增多,使管理操作形成习惯,就可使人的管理行为转变为良性刺激,而克服食仔现象。

　　2. 狗叫声　狗是果子狸的天敌,狗的叫声对果子狸是一种十分强烈的应激刺激。在产仔期,笼舍附近的狗叫声常引起果子狸叼仔、弃仔或食仔。所以果子狸产仔的笼舍附近要严禁养狗。

3. 同伴的嚎叫声　哺乳初期的母狸听到同伴的嚎叫声引起惊恐,会很快将仔吃掉。笔者亲身经历的事便可证实。1996年4月,1只母狸已产仔7天,此时同舍的1只雌狸正在发情,当抓1只雄狸与之配对时,雄狸嚎叫,使那只带仔母狸受惊,在笼内乱窜,第二天即将1窝仔吃掉了。因此,产仔舍要与配种舍分开,以保持产仔舍安静。

4. 雌狸的个体差异　果子狸有温顺型、凶猛型、懦弱型之分。凶猛型的雌狸不易接受人工驯化,每年都会发生食仔现象,对这种果子狸应放回大自然,不宜行人工驯养。温顺型和懦弱型便于人工驯养。

5. 产后失水口渴　母狸产仔过程中流失体液较多,常引起口渴,如不能及时补充饮水,性情会变得十分暴躁,而发生食仔。

6. 母狸缺奶　若母狸临产前未降低日粮浓度,可导致奶汁过浓,仔狸吸不出奶,而强烈的啃吸,使母狸疼痛难忍,会造成食仔。因此,临产前3天要降低母狸的日粮浓度,食物要稀淡一些,使乳汁清淡,便于仔狸吸吮。产后给母狸补喂鸡蛋,促进乳汁分泌。

七、果子狸年产两胎试验

(一)果子狸年产两胎的可能性

果子狸在一般情况下,1年只产1胎,每胎产2～4只仔狸,如果能达到年产两胎,则其繁殖效率可提高1倍,经济效益明显提高。

从果子狸繁殖生理特征分析,年产两胎是可能的。果子狸的妊娠期为 60 天,自然哺乳期 45 天,即从受孕至仔狸断奶约 3 个半月。果子狸的繁殖季节为 2~7 月份,长达 6 个月。所以,从时间上来计算,足够两个妊娠和哺乳期。那么,在自然条件下为什么没有出现年产两胎的现象呢?其主要原因是发情高潮处于 4~5 月份,在断奶后 4~6 天只有 1 个隐性发情期,在雌雄分居的条件下不易及时交配,因此,在自然条件下,很少出现两胎。

随着对动物生殖激素的深入研究,人工催情在动物繁殖方面应用日渐广泛。因此,可利用外源激素促使果子狸提前发情,在隐性发情期补充外源激素,又可以促进和加强发情表现,从而能有效地控制发情、交配,为年产两胎提供了条件。

仔狸在 20 日龄左右门齿和犬齿相继生长,此时断奶,以人工奶替代母奶,仔狸的存活率和生长发育不受影响。由于缩短了哺乳期,母狸体内的营养物质仍可满足其第二次发情和妊娠的需要。而且只要创造适宜的环境和满足其营养,年产两胎是可能的。

(二)实施药物催情

有效的催情方法是年产两胎的技术关键。据罗东君(1996)报道,使用促卵泡素(FSH)120 单位,配合黄体生成素(LH)100 单位,对母狸进行催情配种,发情率 70%,产仔率 60%。用孕马血清(PMSG)500 单位,配合人工绒毛膜促性腺激素(HCG)250 单位,对母狸进行催情配种,发情率达85%~90%,产仔率 65%~7.7%。后者价格比前者便宜。

根据笔者的试验,外源激素最合适的应用时间是 4~5 月份,在繁殖季节早期,即 2 月份,外源激素作用不显著。采用中药催情散与外源激素结合使用,效果较好。催情散包括强壮药,如当归、党参、白术,以及刺激分泌性激素的药物,如淫羊藿、菟丝子、肉苁蓉等,可启动丘脑下部-垂体-性腺生殖轴,在此基础上,再注射 PMSG 加 HCG,其效果更好。

第二次催情的时间和使用的药物与第一次催情略有区别。这时果子狸生殖轴已经启动,因此,以注射外源激素的效果最好。一般在断奶后 15 天,注射 PMSG 480 单位,3 天后注射 HCG 250 单位,75%以上的母狸均可发情、配种、受孕。据湖南野生动物中心试验,断奶后 5～6 天,注射三合激素 1.5 毫升,催情效果也十分明显。

(三)改变光照和环境温度催情

改变光照条件,是提高果子狸繁殖能力的一项重要措施。湖南农业大学特种经济动物研究所曾进行过如下试验:将 6 月份断奶的母狸由笼舍移至地窖,笼舍的室温为 35℃,地窖温度 20℃,笼舍有强烈的自然光照射,地窖只有暗光,晚间加 15 瓦灯泡。经改变光照刺激后,15 只母狸有 14 只发情、配种后受孕,并且都产仔,平均每胎产仔 3.5 只,不用注射激素。这种催情方法更为适用。地窖为北方菜窖,不增加设施,成本也不高。第二次催情期因母狸处于刚停奶之后,消耗营养较多,要注意补充营养,使之有能力孕育第二胎仔狸。

(四)选择最合适的停乳和催情时间

为能使果子狸顺利生产第二胎,第一胎仔狸断乳时间越早,母体损失的营养越少,越有利于停乳后发情和第二胎孕育与哺乳。但是仔狸断乳过早,人工哺乳较困难。因目前尚未找到最合适的喂奶方法。现采用的人工哺乳方法很难避免将奶误喂入气管,造成异物性肺炎而死亡。因此,要找出一个平衡点,使既利于孕育第二胎,又能保障第一胎仔狸健康生长。经试验,认为以仔狸 15～20 日龄断奶较为合适(表 8-8)。

表 8-8　不同日龄断奶仔狸的成活率

断奶期(日龄)	1～3	15～20	45～50
仔狸头数(只)	17	21	22
成活头数(只)	6	18	21
成活率(%)	35.3	85.7	95.5

第二次催情时间,通过试验,以母狸停奶后 15 天进行,效果最好(表 8-9)。

又据湖南省野生动物中心的试验,第一胎于产后 20～30 天停奶,5 天以后注射 1.5 毫升三合激素,20 只雌狸 17 只受孕,受胎率 85%,产仔 59 只,成活 53 只,成活率达 89.8%。

表 8-9　母狸停奶后不同时间进行催情的效果

停奶至催情间隔时间(天)	只数	发情率(%)	产仔率(%)	备　　注
5	4	50	25	发情率与产子率均是以参加催情的母狸为基数计算的。催情药物均为孕马血清 300 单位,加绒毛膜促性腺激素 250 单位
10	8	37.5	25	
15	8	75	75	
20	4	50	50	

第九章　果子狸的选种和保种

一、果子狸的选种标准

(一)选种目标

果子狸是毛皮用、肉用和药用的特种经济动物,其选种目标应是培育适合我国饲养条件、毛皮品质优良、种属特征明显、体型较大而健壮、生活力强、适应性广、繁殖力高、生长发育快、产肉性能好、抗病力强、温顺易驯养的优良果子狸类型或品种。其主要经济指标为成年狸体重雄性 6～8 千克,雌性 5～7 千克。体长雄性 60～65 厘米,雌性 52～63 厘米。毛绒棕褐色,毛被平齐、光滑、华美,头脸黑白相间,七块白斑鲜明,比例适中。繁殖能力强,胎平均产仔 3～4 只,年产 1～2 胎。

(二)选种标准

1. 外貌评分　外貌鉴定采用评分的方法。外貌要求种属特征明显,姿态端正,五官、四肢齐全,尾巴完整,没有外伤,无弓形背,体躯粗壮,结构匀称。雄性体格大于雌性,眼大有神,胸部发达,腹部适中,腰背平直,臀部丰满,尾巴粗长,四肢粗壮有力,体壮姿健,生殖器发育完好,睾丸大而均匀,性欲旺盛,配种能力强。雌性体况适中,头脸清秀,体质健壮,四肢有力,乳头粗大、红润,发育均匀,母性强,性情温驯,泌乳量高,发情及时,受胎率高,毛色呈棕褐色,且绒毛丰满、密集,大小一致。其评分标准如表 9-1。

表 9-1　种用果子狸外貌评分标准

部　位	评　分　标　准	分值
头　部	雄性头大小适中,眼大有神,耳直立,鼻垫发达。	10
	雌性头部清秀,眼有神,耳大直立,鼻垫发达	
前　躯	胸宽而深,前后结合良好	10
中　躯	腰宽而平直	10
后　躯	宽,长,结合良好,尾巴粗长	10
四　肢	粗壮有力,足垫发达	15
性器官	雄性睾丸大而圆,雌性乳头大而均匀	15
整　体	各属特征明显,头纹显目,健壮有精神,无外貌	30
	缺陷,体躯各部结合良好	
总　计		100

2. 体重　果子狸的体重与胴体品质和皮张面积密切相关。体重与皮张面积相关系数为 0.76,而与体长的相关系数为 0.6。体重每增加 100 克,皮肤面积增加 18 平方厘米。雌性的体重与繁殖和抚育后代的能力呈正相关。因此,要注重体重的选择,体重的评分标准如表 9-2。

表 9-2　种用果子狸体重评分标准

性　别	体重(千克)	评　分
雄　性	6～8	96～100
	5～5.9	91～95
	4～4.9	85～90
雌　性	5～7	96～100
	4～4.9	91～95
	3～3.9	85～90

体重每增减 0.2 千克,评分增减 1 分。

3. 繁殖能力 繁殖能力包括性成熟的迟早、繁殖周期的长短、受胎率、哺乳和产仔性能等多方面因素。雄性繁殖力主要以交配成功率和受孕母狸数来表示。雌狸以年产胎数、胎产仔数、仔狸成活率等来表示。

受胎率(%)=妊娠母狸数/配种母狸数×100

繁殖率(%)=本年度内出生仔狸数/年初繁殖母狸

数×100

仔狸成活率(%)=断奶成活仔狸数/出生时成活仔狸

数×100

年产胎数:母狸 1 年内产仔胎数

窝产仔数:母狸每窝产活仔数

繁殖能力的评分标准如表 9-3。

表 9-3　种用果子狸繁殖力评分标准

年产胎数		窝产仔数		窝产活仔数		仔狸成活数	
胎	评分	只	评分	只	评分	只	评分
2	25	4	25	4	25	4	25
1	20	3	20	3	20	3	20
		2	15	2	15	2	15
		1	10	1	10	1	10

总分=年产胎数评分+窝产仔数评分+窝产活仔数评分+仔狸成活数评分

4. 产肉性能 产肉性能包括屠宰率、净肉率、周岁前的平均日增重。这三项指标均为后裔测验,每只母狸测定同期同龄后裔 5 只,每只雄狸测定同期同龄后裔 50 只,以确定其遗传性的优劣。产肉性能评分标准见表 9-4。

表 9-4　果子狸产肉性能评分标准

胴体重		屠宰率		净肉率		日增重	
千克	评分	%	评分	%	评分	克	评分
4.2	25	70	25	40	25	20	25
3.5	20	60	20	35	20	15	20
2.5	15	50	15	30	15	10	15
2.0	10	45	10	25	10		10

总分＝胴体重评分＋屠宰率评分＋净肉率评分＋日增重
　　评分

5. 总评　种狸的品质包括外貌、体重、产肉性能、繁殖力四个指标的评分,这四个指标在总评中所占比例为外貌15％,体重 30％,繁殖 30％,产肉性能 25％。其总评公式如下:

种狸总评分＝15％外貌评分＋30％体重评分＋30％繁殖
　　　　　　评分＋25％产肉性能评分

96～100 分为特级种狸

91～95 分为一级种狸

81～90 分为二级种狸

75～80 分为三级种狸

二、果子狸的选种与选配

(一)选种方法

果子狸的选种按其生产性能分阶段进行。

1. 断奶阶段初选　仔狸断奶以后,根据双亲的选种评分进行初选。凡双亲的评分在 90 分以上的,其后裔都可列入初选范围。然后根据断奶体重、断奶窝重进行复选,断奶体重达1.5 千克,全窝生长整齐均匀的,可作为后备种狸单独组群,加强培育。

2. 24 月龄初配前复选 24 月龄青年狸已经达到体成熟,即将进入繁殖阶段,可按外貌评分和体重评分进行复选。雄性外貌和体重评分要在 95 分以上,雌性体重外貌达到 90分,即可入选。确定留种的青年狸编入育种群,不合格的编入生产群。

3. 2.5 岁进行精选 此阶段主要依据后裔品质进行综合评分,重点放在繁殖性能和后裔品质稳定性方面。雄性综合评分在 95 分以上,雌性综合评分在 90 分以上,可编入核心育种群。

育种工作要建立详细的档案资料,血统要清楚。要做到这一点,其基础工作是做好狸号标记。可采用耳标法、刻耳法,亦可采用足垫刺字法编号。足垫刺字时先保定果子狸,对后脚足垫用碘酒消毒,然后用食醋研磨的墨汁涂在被刺的部位上,用刺号钳压印,数日后被刺部位出现蓝色号码。

(二)选配方法

选配就是根据种狸的特点按照取长补短的要求配对,以期获得优良的后代。因此,选配是选种工作的延续。选种和选配既紧密相联,又相互促进,使狸群的品质一步一步地得到改良,最终达到整体高产优质的目的。选配的具体方法如下:

1. 同质选配 选择优点相同雌、雄狸交配,以便达到"好的配好的产生更好的"的目的。因为雄性的遗传性高于雌性,1 只优良的雄狸 1 年可交配 10~15 只雌狸,能繁殖 40~60

只仔貉,所以雄性的综合评定等级高于雌性。所谓同质,主要指体型、体质、个体特性及生产性能相似的雌、雄相配。通过同质选配,使窝产仔数达到较高水平,高出随机交配的 10.4%。同质选配能巩固亲代的优良品质。

2. 异质选配 是选择主要性状不相同的雌、雄交配,使其后代能体现双亲的优势互补。所以,要选择亲和力好的种貉交配。这不是相反缺点的纠正,而是综合双亲的优良特性,使性状多样化。如雄性来自抚育后代能力强的双亲,雌性则来自窝产仔多的双亲,两者的交配,使后代的繁殖性能明显改良,断奶窝仔数显著提高。

3. 年龄选配 年龄选配对提高窝产仔数有较好的作用。壮年雄貉遗传性稳定,配种能力强,精液品质好,繁殖效果较佳。据张保良报道(1993),壮年雄、雌选配,胎平均产仔 4 只,壮年雄貉配老年母貉,貉窝产仔也可以达到 4 只,而老龄雄、雌和幼年雌、雄互配,平均窝产仔仅 1.5～2.1 只。

4. 体型选配 体型是一个能遗传的性状。体型与生产性能有密切的关系,体型与皮张面积有关、与屠宰率有关、与生活力紧密相关,因此,通过体型选配可以达到改良貉群体型的目的。

体型选配要以大型雄貉与大、中型雌貉交配,而不应该采用大雄配小雌,大雌配小雄,小雄配小雌的方法。体型选配可采用群配的方法,把优点相同的雌貉编为 1 群,选几只适宜雄貉组成选配群,让其随机交配。这种方法省时省力,效果也令人满意。

三、果子狸在驯养条件下的保种

果子狸从野生到人工驯养,有三方面发生了较大变化。一是从广阔的大自然到狭窄的圈禁环境;二是由隐蔽的栖息地到开放的栏舍;三是自然群体到人工组群。这些改变,大大缓解了自然选择的压力,使遗传性能容易发生动摇。因此,研究果子狸在人工驯养条件下遗传性能的变化规律,提出保种措施,对果子狸自然种群基因库的保存具有重要意义。

(一)驯养条件下遗传变异及近交的影响

人工驯养的果子狸只是从自然种群中捕获的少量种狸,一般为 15~20 只。在如此小群中进行人工驯养和繁殖,5 代以后不可避免发生近亲交配。近交结果造成近交系数上升。近交系数是近交程度的尺度,它使后代携带等位基因"后裔同样"的概率增高。因此,使一些有害基因固定,其固定的程度远远超过了清除这些基因的速率,给小群体造成一些有害的后果。

近交第一个有害的后果是繁殖力下降。据家畜的试验,近交系数增加 10%,繁殖率下降 15%~20%。果子狸"兄妹"交配,近交第二代胎产仔数由原来的(非近交)3.75 只,下降到1.52 只,远远高于家畜近交的下跌程度。因为家畜由于经过数千年的驯化,已经部分地清除了有害基因,所以对近交有较强的耐受能力,每个世代近交系数可达 2%~3%。而野生动物是长期处于野外的远交种,对近交十分敏感,M. E. 索德(M. E. Sowde,1979)认为,野生动物近交系数的上限为每个世代不能超过 1%,否则繁殖率将急剧下降,甚至造成不育。

近交的第二个有害的后果便是生活力衰退。我们在果子狸人工驯养中发现，随着繁殖世代的推移，发病率和死亡率逐年增高，有的果子狸未活到成熟期便夭折了。所以，对濒危物种试图用近交来繁衍后代，是难以取得理想效果的。

性比衰退是近交造成的又一不良后果。在高程度的近交中，成活的雄性日益增多，因而产生雌性短缺的现象。果子狸驯养条件下繁殖的第一年，雌、雄比例为 1.12∶1，而到第三年雌、雄比为 1∶1.3。从遗传上解释，雄性染色体为 XY，Y 染色体是半合状态，与近交无关，而雌性染色体是 XX，随着近交增加而日益纯合，如近交水平增高会造成雄性日益增多，雌性短缺。

(二)小群体遗传结构的调整

人工驯养的果子狸一般都是小群体。在 1 个小群体中，即使没有人工选择、基因突变和迁移的情况下，基因频率每一世代都会发生变化。这些随机变化因近交系数上升而纯合性逐渐增加，其结果可能完全丧失遗传的变异性。然而，这一过程，通过采取调整措施，可缓解遗传漂变的发生，最终使该物种的基因库得以保存。

1. 公母各半群体的调整　小群体随机飘移，使基因丢失的现象随群体的扩大而减少，基因固定或漏失的平均代数，也随群体的增大而逐渐延长。然而，群体的大小、遗传的变化，取决于种群的结构和子代的数目，而这一部分可以通过人工加以调整。

如果野生果子狸每世代近交系数的上限为 1%，则 20 代内保持 2% 的近交系数，其基因库才不会流失。那么初始建种群需要 50 只以上的公母果子狸。

2. 雄性少于雌性群体的调整　上述公母各半的理想群体与实际情况有一定差异。因为,从经济上考虑,总是多养雌性,少养雄性。为了降低近交系数,也可调整各家系的留种比例,扩大群体数量。

(1)各家系等量选留法　如两性数目不等,而选作亲本的个体,在数目及性别上各家系间是等量的。如每个世代选留24只雌性作种狸和12只雄性作种狸,组成12个家系,每只雌性由不同的母狸所生,每只雄性由不同的公狸所生,则这与公母各半群体相近,从而减少了12只雄性的饲养量,可以节约饲料费,却达到了同样保种效果。

(2)合并随机选留法　从24只雌性果子狸和12只雄性果子狸所繁殖的后代中随机抽取其中 N 只作为种狸,随机交配,这种方法叫合并随机选留法。那么,24只雌狸和12只雄狸的子代,在合并随机选留的情况下,近交系数上升近50%。因此,这种方法不利于保种。

(3)雄性对扩大有效群体的作用　从以上的计算可以看出,扩大种群数量的关键取决于雄性的数目。雌性再多,而雄性不多,也提高不了群体数量,无法控制近交系数上升。

因此,在果子狸的人工繁殖过程中,一个极重要的问题是如何防止发生近交,或者把近交的危害降低到最小的程度。

(三)果子狸的保种方法

1. 建立种狸群　初次组建果子狸种群时要注意以下几个问题:一是避免从近交繁殖的果子狸种群中引种;二是避免从有亲缘关系的果子狸中建立种群;三是初次建群的数量要达到10雄和30雌。因为只有达到这个数目,才能避免在20代以内发生近交。

2. 采用等量留种法 等量留种就是从 10 雄和 30 雌建立的 10 个家系中,每个家系留种的后代必须是相等的。具体讲,每只雄性只留 1 个雄性后裔,每只雌性只留 1 个雌性后裔,这样每个家系传递的遗传物质是等量的,不能因为哪个家系优良就多留后代,哪个家系较差就少留后代,这样可以避免发生近交。如果各家系留下后代的比例不同,那么近交就难于避免。因为 1 只雄性有许多雄性后代,每只雌性也有许多雌性后代,就可以从众多的后代中,各选 1 只最优秀的后代作种用。这样使保种和选种便能有机地结合,既达到保种的目的,又达到了提高果子狸品质的目的。

3. 家系交叉选配 第一代家系选留下的后代必须分散重新组成第二代家系,避免兄妹交配。就是说 1 个家系的雌性必须离开这个家系,与另外 1 个家系的雄性组成 1 雄 3 雌的第二代家系。如此一代一代地选留种狸,近亲交配自然就可避免了。

4. 保种群与繁育群相结合 保种群世代更替是严格的,要求有详细的记录。它可以保存这个物种遗传物质不流失,物种不退化。为了减少工作量,1 个世代的某一家系只要留下了合格继承者,那么,这 1 个世代可以解体,降为一般繁殖群。

一般繁殖群以提高经济效益为主要目标进行各种选配,在那里近交不可避免要发生,只要近交的危害程度不造成损失就行。一旦近交出现严重危害,随即可从保种群中引入种狸,即可把近交的危害化为零。所以,把保种群和繁殖群结合好,便可以促进果子狸驯养生产健康发展。

第十章　果子狸驯养场的建造

一、场址的选择

（一）花果山式的环境

果子狸驯养场的环境应该模拟其野生的环境,种植果树、乔木和灌木,使场内花果飘香,并应距住宅区和交通要道 300 米以上,使饲养场有一个安静的环境。

（二）地势高燥,背风向阳

场址要地势较高,稍向东南倾斜的阳坡一面,驯养场要建在阳坡的上段,以利排水,保持场地干燥,有比较充足的阳光照射,避开严冬北风侵袭,为狸舍的保暖和防潮创造有利条件。

（三）有充足的优质水源

狸场耗水量比较大,场址一定要考虑水源状况,一是水量充足,能够满足狸场的需水量。二是水质优良,经检验证实水未受污染,水质符合国家制订的人、畜用水质量标准。没有优质水源的地方,不宜建设狸舍。

（四）利于防疫

狸场要远离居民区和沼泽地,也不宜选在化工厂、农药厂、造纸厂和屠宰场的下风处附近。狸舍要建立围墙,便于封闭式的管理和防疫隔离,因此,要有便于建围墙的地形条件。

(五)土质坚实,无病原污染

狗的许多传染病都可以传给果子狸,凡是发生过狗的恶性传染病的地方,不要建设狸舍。建设狸舍的地方,要考察土壤的性质,以砂壤土最好,不但土质结实,而且渗水性也好,雨天道路不致泥泞。

二、果子狸笼舍建造的要求

狸舍要符合果子狸的生活习性。

(一)能控制舍内的小气候

果子狸属穴居性动物,在洞穴中活动的时间较长,要求有较稳定的小气候条件。果子狸冬天怕冷,夏天怕热,性喜干燥。因此,要求狸舍冬暖夏凉,通风良好,地面光滑,便于冲洗和消毒。

(二)笼舍内设置栖架

果子狸喜爱攀登,善于爬树,设置栖架可适应其攀登习性。笼舍内装有不同高度的栖架,都喜欢站到最高处。所以,栖架尽可能设得高一些,栖架上设一些分叉架,可以增加其活动兴趣,增加运动强度。

(三)笼舍要有适宜的活动空间

果子狸的笼舍要设置一定的活动空间。在集约化密集驯养条件下,其笼舍中的活动空间至少要达到 2.4 立方米,即笼舍长 150 厘米,宽 80 厘米,高 200 厘米。

(四)笼舍要设暗室

对新捕到的果子狸,笼舍中设置暗室可替代野生条件下的洞穴,对于果子狸度过应激时期有重要作用。果子狸与管理人员建立亲和关系之后,可取消暗室,以便清理笼舍卫生,便于消毒及笼舍通风。

(五)笼舍要适应果子狸群体的结构

果子狸是群居动物,但在年周期中群体结构有其变化规律。夏季为纯家族群,排斥其他家族个体。秋、冬季为多家族群,多家族群同居 1 穴,和睦相处。春季为配种群。笼舍的形式和结构要适应群体变化规律,才能减少争斗和伤残。

三、果子狸笼舍的结构与形式

(一)模拟生态式狸舍

将一定面积的土地围成院落,四周筑墙,墙高 2.5 米,墙基深 0.8 米,每只果子狸要有 3 平方米的面积。院内有果树、乔木,有小溪清泉,用大石堆砌些假石洞,使果子狸有生活在野外栖息地一样的感受。

为了防止果子狸逃跑,围墙内壁用水泥涂抹光滑,砍掉距离墙 5 米的树木。墙的进口处建一小室,小室前后各安装一道门,防止果子狸乘工作人员进出门之际逃出。

为了便于观察果子狸的健康状况,同时也便于诱捕,可在树下距离地面10厘米处装上适当数量的穴箱,供果子狸栖息。穴箱用木板制作,穴箱前面装一道拉门,便于捕捉,穴箱一侧壁上开10厘米×25厘米的小门,便于果子狸出入。场地建成并消毒后,即可把果子狸放进场内饲养(图10-1)。

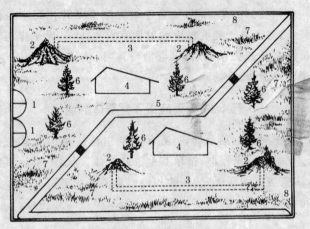

图10-1 模拟生态式狸舍示意图

1. 门 2. 假山 3. 假山下暗道 4. 狸舍
5. 水管 6. 树 7. 草皮 8. 围墙

这种形式的狸舍,优点是环境与野生状态下极为相似,场内有新鲜的青草、树叶和泥土,果子狸可以自由舔食。院内树木可供自由攀登,配偶之间自由组合,符合果子狸喜群居习性,领地较宽,减少了争斗的机会,管理方便,可供驯化和配种用。其缺点是占地面积较大,造价较高,捕捉果子狸比较困难。

(二)小群单列式狸舍

狸舍采用单列式,每列不超过12间,每间面积8平方米。分走廊及内外室,两室相通。走廊与内室用砖墙隔开,在每间的正中开一门,门两边墙各开1个洞,大小刚好将巢箱嵌在墙上,2个巢箱轮流使用,便于清洗。内室上方安装木质天花板,使内室保持冬暖夏凉,内外室之间,以砖墙隔开,墙下开设25厘米×15厘米小门,便于果子狸自由出入。内外室设置栖架。外室前面及顶部为铁丝网结构,使果子狸能晒到阳光,有栖架供攀登,增加其运动量。每舍放种狸4~6只,雄、雌比为1:2(图10-2)。

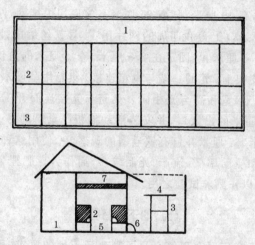

图10-2 单列式产仔舍

1. 走道 2. 狸舍 3. 运动场 4. 攀登架 5. 产仔穴 6. 通道 7. 栖架

这种狸舍既符合果子狸群居习性,又能适应其攀登习性,管理和捕捉也较方便,繁殖率也比较高,适合作配种用狸舍。

(三)双列式产仔狸舍

双列式产仔狸舍的中间设1米宽的通道,两边为排列笼舍,每间笼舍宽80厘米,长150厘米,高200厘米,四周用砖砌成。墙上部 1/3 处四周用木条钉成栖架,供果子狸攀登。笼舍内设长 60 厘米,宽 50 厘米,高 35 厘米的产仔室。产仔笼舍四周用砖砌成,以避免相邻雌狸产仔时,互相干扰,导致雌狸吃仔。雌狸妊娠后,便进入产仔笼舍。

(四)笼箱式狸舍

果子狸笼箱由铁丝网笼子和巢箱组成。笼长 60 厘米,宽 50 厘米,高 40 厘米,脚高 25 厘米。笼底用焊接网,网眼 3 厘米×3 厘米。上盖和四周的网片用 14 号铁丝编成,网眼 2.5 厘米×2.5 厘米,均固定在 2.5 厘米×2.5 厘米的角铁或坚硬的木质支架上。笼的一端与巢箱连接。巢箱用坚硬木板制作,长 25 厘米,宽和高与笼相同。巢箱与笼接连面开 1 个 20 厘米×15 厘米的出入口,并安装活动插板。巢箱的另一端开 1 个 7 厘米×7 厘米并钉有铁丝网的观察窗。使用这种笼箱,母狸发情和受胎率低,流产、死胎较多,而作为育肥狸舍却很合适,亦可以作驯养试验之用。

(五)地下产仔狸舍

地下产仔狸舍更符合果子狸生活习性的要求,可把各种干扰产仔的因素降低到最低程度,从而可以提高仔狸的成活率。

地下产仔狸舍设在向阳、背风、干燥和土质好的冈地上,由东往西挖一长方形地下坑,深度 1 米,长、宽为 3.5 米。在坑的正南正北 4 米处,各挖 2 排平行斜坡地沟,每排包括多条地沟,每条沟间隔 1 米。在离坑 70~80 厘米处与坑掏通(图 10-3)。

1 条沟里用砖砌成双孔斜坡通道,斜坡通道孔不小于 22

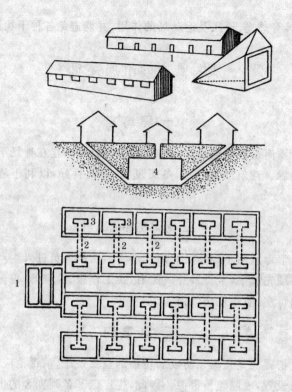

图 10-3 地下产仔舍

1. 门　2. 通道　3. 狸舍　4. 地下室

厘米×22厘米,每个斜坡通道的坡度不少于1:1.5,通道上口与地面狸舍相通,下口与地窖产窝相连。斜坡通道砌完后填土踩实,坑内南北底边各修1排产仔窝。产仔窝规格为1平方米,顶上用木板或预制板盖好。两排产窝中间留人行道。通道上方地面南北各4米处,修建两排正面向阳的狸舍,狸舍间隔与地坑产仔窝对应,地面狸舍每间一般以1平方米为宜,前有门,后面有窗。这种产仔室,地面与地下相通,地窖与狸舍结合,具有透光、通风及运动场的作用,并能避免各种干扰。

四、狸舍的附属建筑

(一)隔 离 室

隔离室是病狸治疗、隔离和观察场所,应建在狸场下风方向边缘。建筑质量较高,冬暖夏凉,地面良好,以利于清扫消毒。

(二)消毒室和兽医室

消毒室用于饲养员和用具消毒。工作人员进入生产区之前必须先洗手,全身紫外线照射,换工作服、换鞋等。兽医室紧接消毒室,防止疫病传播。

(三)消 毒 池

消毒池是狸场预防疫病传播的重要设施。消毒池应分区、分段设置,以隔绝传染源。因此,生产区和各列狸舍的出入口均应设消毒池。

生产区的消毒池要考虑进入车辆的型号,池宽要大于车辆的宽度,长度要能让车轮在池中转动1圈以上,消毒药水的深度要达到15厘米左右。狸舍入口的消毒池,宽度等于门宽,长度1米,深度10厘米。

(四)污物运送道与清洁道

是指运输场内污物和粪便用的道路。污物道不能与人行道和运送物资进场的道路相交叉,以免将病原带进场内。因此,污物运送道应位于狸舍左右两旁,直通后门,不通往前门。

清洁道是狸场用于运送清洁物资的道路。清洁道建于狸场的中轴线上,一般采用水泥路面,专道专用,防止饲料、设备、用具等清洁物资被病原微生物污染,保持狸舍内清洁卫生。

五、果子狸驯养场的平面布局

(一)行政管理区

行政管理区是果子狸场经营活动和生产的指挥中心。其位置既要便于与外界联系,又要便于组织管理,一般安排在狸场的最前面,处于上风方向。

(二)生产区

是果子狸生活活动的主要场所。生产区要安排在地势平坦、通风、排水良好、安静的地方。生产区要布置在狸场平面的下风方向。

(三)辅助管理区

此区包括饲料加工、调制,供水、供电场所。它是狸场的后勤部,一般布置在狸场前面,与行政管理区相对应,既便于出入,又与生产区有一段距离。

(四)病狸隔离室

安排在狸场的下风方向,以利于对病狸的隔离、观察与治疗,利于防疫。

第十一章　果子狸的疾病防治

一、狸场的卫生与防疫

(一)预防为主,养防结合

果子狸在集中驯养条件下易发生各种疾病,只要采取严格的预防措施,杀灭病原体,切断传播途径,就能防止疫病的发生和流行。因此,应做好各项饲养管理工作,提高狸群对疫病的抵抗力,做到预防为主,养防结合,使狸群健康发展。若只注重对病狸的治疗,放松防病工作,效果较差。因为目前对果子狸疫病的研究远远落后于养殖业的发展,治疗方法不多。因此,加强防疫卫生工作,是驯养果子狸的重要措施之一。

(二)健全防疫制度

1. 养殖场出入口设消毒池　进出人员及使用的工具进行消毒,更换工作服和靴子,严禁非工作人员随意进入,以免带入病原微生物。

2. 狸场内禁止饲养其他动物　禁止饲养猫、狗等,不允许其他动物进入狸舍,以免交叉感染。

3. 引入种狸须隔离饲养　引入的种狸应隔离饲养,观察2周,确无传染病时方可并群。

4. 切断疫病传播途径　病菌、病毒无孔不入,必须严格控制,堵住其传播通道。凡经医治无效而死亡的病狸,尸体必须在固定地点剖检,剖检后的尸体和污物要焚烧,圈舍严格消毒。发现疫病时,立刻将病狸隔离,相邻的可疑狸群进行半隔离观察与诊治。

(三)做好狸舍的卫生与消毒工作

1. 环境卫生 选择场址时要避开"三废"污染。狸场要经常清理垃圾、粪便和污物,保证场地干燥、清洁。

2. 笼舍卫生 食槽、水槽每天清洗,狸舍及窝室要及时清除粪便,清扫地板,保持狸舍清洁干爽,没有粪便气味。

3. 饲料卫生 饲料不洁易成为病原载体,因此,应禁止从疫区采购饲料。

要严格检查饲料品质,保证饲料新鲜。变质饲料不得投喂。饲料的加工和贮藏室要定期消毒,保持清洁,注意通风、透气,消灭鼠类。

4. 定期消毒 每周用3%～5%氢氧化钠(苛性钠)溶液对巢箱、狸舍、通道进行消毒;巢箱、狸舍消毒后,用清水洗去残留的氢氧化钠后再使用。食具、饮水器先用清水洗净,再放入1%的漂白粉溶液中浸泡5～6分钟,然后用清水洗去异味。野果饲料用0.02%高锰酸钾溶液浸泡,用水冲洗后再喂。狸舍、饲料室要定期灭蝇。

(四)疫病发生后的处理

1. 隔离病狸,切断传染源 发现疫病时立刻封锁现场,隔离病狸,进行诊治观察。对恶性传染病,病狸应进行急宰,防止继续蔓延。

2. 判断疫情 根据发病的时间、流行情况、临床症状及病理剖检结果,初步判定疫病类型。检验饲料和饮水,确定疫病发生的原因。最后综合分析,对疫情作出最终判定。

3. 消毒、接种 疫病发生以后,对狸舍进行彻底清扫,用3%～5%氢氧化钠溶液对笼舍、通道、粪水沟、用具全面消毒。对未发病的果子狸群进行紧急接种,以增加免疫力,减少发病,减轻损失。

4. 尸体处理 对病狸尸体作深埋或焚烧处理,以杜绝再传染。

二、果子狸疾病的检查与诊断

(一)一般检查

果子狸在患病状态下,会产生一系列的异常行为,为确诊疾病提供了有价值的资料。观察其异常行为时要注意二个问题:一是观察要在果子狸不受惊扰的情况下进行。因为惊慌可能掩盖很多症状,使诊断不准确。二是平时多观察正常生理状态下的行为特点,随时观察果子狸在干什么、在什么情况下有什么行为、异常行为在什么情况下出现,这样才能辨别病态行为。

1. 精神状态 精神状态是果子狸健康或病态的指标。如果果子狸对外界反应很迟钝,而且第三眼睑明显突出,眼球发直,眼睛无神,喜卧不爱活动,这种状态多为病情沉重。在正常情况下,任何声响都会引起果子狸的反应,耳壳转动或竖耳。病情越严重,这种反应越弱。最严重时出现昏迷、瞳孔对光的刺激无反应,其他反射消失。精神极度兴奋、转圈、无目的地走动,属于异常的神经症状,例如犬瘟热就会有这种反应。

2. 姿态 观察果子狸站立、躺卧、行走、依偎的姿态可以辨别其病态状况。果子狸正常躺卧为侧卧、卷卧、趴卧。侧卧头尾呈直线;卷卧,头埋于胸前,头尾相接;趴卧,下颌与腹部触地,前肢前伸。这些都是正常的姿态,如果站立及行走无力,或软弱无力,伸腰不自然的躺卧,则是异常姿势。

3. 食欲 食欲是健康或病态的敏感表现。健康果子狸求食急切,采食时似狼吞虎咽,而病狸常蹲于巢箱中,不急于采食,或者拒食、挑食,或采食量锐减,这都是患病的标志之一。

4. 呕吐 呕吐是果子狸的一种保护性反应,有些呕吐是正常的生理现象,有些则是病理反应。是否正常反应,要根据呕吐物和全身情况进行综合分析。果子狸采食禾草,吐出带有血丝和粘液的草团是正常的呕吐反应,具有洗胃、保持健康的作用。刚食不久便吐,可能是饲料变质或胃炎;吐出无色液体并带有泡沫,常是空腹时的某种刺激所引起。如呕吐物中混有蛔虫,大多数是因蛔虫引起的;呕吐物呈咖啡色或粉红色是肠胃炎引起的。

5. 排泄动作 果子狸如果频频排泄尿或粪,且排粪尿时神态不安,有痛苦表情,排泄物异常,是患病的表现。在正常情况下,果子狸的排粪次数、粪便形状、数量及气味、色泽是稳定的。粪便干硬,形小色深,表面有少量浓稠的粘液,多见于发热、便秘、慢性消化不良。粪便恶臭、腥臭、酸臭多患有消化道疾病。排尿次数、排尿量、颜色、透明度,对疾病的诊断都有重要意义。

(二)皮毛检查

皮毛检查包括被毛、皮肤的情况、温湿度和病变。

健康果子狸被毛光滑,致密而不易脱落。患慢性疾病的果子狸,被毛粗糙、蓬乱,无光泽。患寄生虫病时,被毛脱落,皮肤增厚,并伴有痒感或擦伤。

用手触及耳根、鼻垫和四肢可了解皮肤温度,患发热性病全身皮温升高,局部皮温升高多为局部炎症。耳鼻冷厥,四肢末梢发凉,多有重度血循环障碍。

胸下、腹下、四肢下端肿胀,无热痛反应,触诊呈生面团样,指压留痕,常见于贫血、心力衰竭、肾病和一些传染病。

(三)可视粘膜检查

将眼皮外翻后,可见到浅粉红色的眼结膜。检查果子狸眼结膜的变化情况,对疾病的诊断有参考意义。

眼结膜潮红、充血,与急性热性传染病、心肺疾病有关;脑炎和心脏衰弱结膜呈树枝状充血。结膜紫绀多见于肺炎、胸膜炎、心脏病和一些中毒病。结膜黄染见于慢性消耗性疾病,如寄生虫病。急剧苍白见于大失血、肝及脾破裂。结膜水肿和有大量分泌物是一些传染病(如流感)的表现。

(四)体温检查

体温异常是确定疾病性质及其程度和判断预后的重要依据。果子狸一般采用直肠测量体温。果子狸的正常体温为37℃~39℃,幼年比成年稍高。白天体温略低于夜间,昼夜差1℃~1.5℃。测试体温应在安静时进行。对病狸每日上、下午在固定时间内各测1次。从发热程度、持续时间及热型等情况了解病情。

体温比正常升高1℃,称为微热,多见于轻微的疾病或病初。体温升高2℃,见于消化道和呼吸道一般性炎症和一些亚急性、慢性传染病。体温升高3℃称高热,多见于肺炎、胸腹炎。

体温过低,常见于大出血、饲料中毒。体温过低多为死亡前的征兆。

三、果子狸的保定和治疗技术

(一)捕捉和保定

1. 抓尾法 捕捉时趁果子狸不注意抓住尾端,迅速倒吊悬空。果子狸拒捕时要保持一定距离,使它不能咬到人,而且不断抖动尾巴,防止它卷缩伸头咬人。然后捕捉者慢慢把果子狸放下,让它前肢撑地,后肢悬空,另一保定人手持颈钳,迅速夹住狸颈,一手紧握颈钳,另一只手抓住尾巴,将果子狸平放在地上,便可以进行注射或妊娠检查。

2. 网兜保定法 捕果子狸的网兜类似于鱼网兜,用尼龙绳编织而成,网深80～90厘米,网目直径1.2厘米,网口为26厘米×26厘米,网兜固定在木棒上。捕捉果子狸时,先将果子狸赶入巢箱,把网口紧靠巢箱口,用棒从观察窗将果子狸往外赶,待它钻入网兜以后,立刻将网兜扭卷,再用颈钳夹住果子狸拖出网兜,加以保定,便可以进行检查。

3. 药物保定

(1)氯胺酮 属于麻醉药物,肌注6～8毫克/千克体重,3～5分钟后即发生麻醉,可以维持30分钟。若配合肌注安定(2毫升:10毫克)注射液0.5～1毫升,可减少麻醉苏醒期阵发性肌肉痉挛。

(2)眠乃宁与苏醒灵 眠乃宁为麻醉药,苏醒灵为与之配套的苏醒药。果子狸体重3.6～7千克重,眠乃宁麻醉剂用量0.3毫升,3～4分钟后发生麻醉,10分钟后完全麻醉。苏醒灵解除麻醉剂量为 0.6 毫升,5 分钟后便苏醒。

(二)给药技术

1. 口服法　可将药片掰成小颗粒,压入香蕉中。香蕉是果子狸最喜食的水果,病狸食香蕉便将药物吞食。另一种方法是利用果子狸张口攻击的时机投药。将药物与葡萄糖调成羹状,然后用一细棒绑上小纱布球,蘸上药羹,刺激病狸嘴边,病狸张口攻击,紧紧咬住纱布球,药羹被挤压而流入口中,反复多次,即可达到给药的目的。

2. 胃管法　病狸拒食时可用胃管将药物直接投入胃内。用木块按果子狸口腔大小制成纺锤状开口器。开口器中央开个小孔,胃管通过小孔插入咽部,缓缓送入食管内,插入一定深度后,可用数根毛发放在胃管口,观察毛发有无随呼吸动作而出现抖动现象,如确无摆动,又未发生咳嗽,表明胃管插入胃内。亦可将胃管口置于耳边,听有无呼吸声,如果无呼吸声,说明胃管已插入胃中。然后在胃管口接上装有药液的注射器,将药液缓缓送入胃内。药物投完后,捏住胃管口,将胃管徐徐拔出,并拿出开口器。用过的胃管应清洗消毒。

3. 注射法　将药物用注射器注射到果子狸身体组织内。注射给药具有吸收快、药效迅速、药量准确的优点。常用的有皮下、肌内、静脉和腹腔注射。

皮下注射是将药液注到皮下结缔组织内,适用于刺激性不大的注射液。注射部位选择在皮肤较薄、易于进针的大腿外侧。注射前保定好果子狸,局部剪毛消毒,术者捏起局部皮肤,使之成一皱褶,然后将注射器针头从皱褶基部刺入 1~2 厘米,将药液注入皮下,注射结束后拔出针头,针孔周围用碘酒消毒,并轻压注射部位。

肌内注射是将药物注入肌肉内,适用于刺激性较强、吸收较慢的药物。肌内注射的部位宜选择肌肉丰厚的股外侧。将狸适当保定,局部剪毛消毒,将注射器针头由皮肤表面垂直刺入肌内,推入药液,注毕拔出针头,用碘酒消毒。

静脉注射是将药液直接注入静脉内,药物可随血流送到全身各组织器官,迅速发挥药效。补液、输血、注入急需奏效的药物,多采用静脉注射。注射部位为前肢内侧正中静脉或后肢外侧的隐静脉。果子狸侧卧保定,局部剪毛消毒,以橡皮筋捆扎静脉血液流向的前方,使静脉怒张外露,注射器针头沿静脉呈30°角刺入,回抽注射器活塞,如有回血,即松开橡皮筋,固定针头、注射药物。注射完毕后,拔出针头,轻压注射部位,以碘酒消毒。

腹腔注射是将药液直接注入腹腔中。适用于静脉注射困难或需注入大量药液。药物注射前需加温至 37℃～38℃。注射部位在耻骨前缘 2～5 厘米腹中线侧方,避开肝脏和膀胱。将果子狸两后肢提起做倒立保定。局部常规消毒,注射针头垂直刺入腹腔 2～3 厘米,回抽针管活塞,如无血液及脏器内容物,针头有空落感时,说明针头已准确进入腹腔中,即可注入药液,注毕拔出针头,局部常规消毒。

4. 灌肠法　如病狸较长时间拒食,可将一些容易吸收的营养物,例如葡萄糖、生理盐水及药物灌入直肠。将果子狸用颈钳固定头颈,抓住后肢稍向上方提举保定。将人用 14 号导尿管涂上石蜡油,沿肛门插入直肠 5～8 厘米,将药液加温至38℃～39℃,通过导尿管灌入,灌入量为 100～200 毫升,灌肠完毕,拔出胶管。此法保定容易,液体通过直肠吸收,安全而有效。

四、果子狸病毒性传染病的防治

(一)狸 瘟 热

狸瘟热是由犬瘟热病毒引起的急性、烈性、接触性传染病。临床特征是双相热型、结膜炎、急性卡他性呼吸道炎、肺炎、严重的胃肠炎和神经综合征,部分病例出现足垫肿胀。本病常与其他疾病混合发生或继发感染,使病情加重。

该病几乎遍布全世界各地,是危害果子狸的严重疾病之一。我国是狸瘟热多发地区,近几年来有的果子狸场常有本病的暴发,造成很大的损失。有的养殖场甚至造成毁灭性的后果。

【病　原】　犬瘟热病毒是副粘病毒科,麻疹病毒属的成员。病毒粒子经电镜观察,形态呈多形性,多数为球形,病毒粒子的直径为 110~550 纳米,大小差异很大,有时呈长丝状和畸形粒子。病毒核酸是单股 RNA,核衣壳呈螺旋状对称排列,有囊膜和纤突,能形成胞浆内包涵体,只有 1 个血清型。犬瘟热病毒与牛瘟病毒和麻疹病毒,抗原关系密切。麻疹病毒和牛瘟病毒的抗血清中均有犬瘟热病毒的中和抗体,接种麻疹病毒的犬和雪貂对犬瘟热具有免疫力。我们在果子狸身上也得到了验证。但四者之间具有完全不同的宿主特异性。犬瘟热病毒囊膜含有血凝素,不含神经氨酸酶。犬瘟热病毒对热较敏感,50℃~60℃下迅速灭活,干燥的病毒在室温中较稳定,32℃以上易于灭活,2℃~4℃可保存数周,-10℃可存活几个月,-60℃可存活 7 年以上,-70℃或冻干条件下可长期存活。在 pH 值 7 的环境中最稳定,pH 值 4.5~9 范围内均可存活。对乙醚敏感,0.75%石炭酸、0.3%胺类消毒剂 4℃10 分钟不能灭活,3%氢氧化钠能将病毒迅速灭活,0.1%甲醛或1%煤酚皂溶液在数小时内灭活。各种动物均可相互传染犬瘟热病毒。例如狗的犬瘟热病毒可引起狐、貉、貂、果子狸感染发病,反之亦如此。患病动物的脑、肝、脾中病毒含量最多,可通过粪、尿、鼻涕、唾液、泪水等向外排毒。病狸的尿可长期带毒和排毒。犬瘟热病毒能在鸡胚绒毛尿囊膜上增殖传代,形成白色增厚的病变。病毒可在果子狸、犬肾、水貂肾及幼犬脾、肺、肠系膜淋巴结、睾丸等的细胞和鸡成纤维细胞上增殖,在犬原代细胞上形成核内、胞浆内包涵体,在鸡胚纤维细胞上可出现细胞病变,并可形成蚀斑。

【流行病学】 犬瘟热病毒的自然宿主为犬科动物(犬、狼、豺、狐等),鼬科动物(貂、雪貂、白鼬、臭鼬)及浣熊科的一些动物,如浣熊、白鼻熊等。近年来还有猫科、灵猫科(如果子狸)、大熊猫科、鬣狗科、海豹科、偶蹄目的猪科等10个科的40余种动物感染犬瘟热病毒的报道。我国李金中、夏咸柱等(1999)应用基因探针、电镜技术、免疫荧光和中和试验等多种方法检测,证实我国大熊猫、虎、狮、小熊猫、猞猁、熊、狼等动物均能感染犬瘟热病毒。最近段文武等作了果子狸感染犬瘟热病毒的报道。

本病的传染来源是隐性感染带毒动物。病毒存在于鼻汁、唾液中,也存在于肝、脾、淋巴结及血液和各种体液中,随呼吸、粪便、尿等排出体外。本病主要经呼吸道传播,直接接触的易感犬几乎100%被传染。也可经消化道、眼结膜、交配引起感染。研究表明,本病也可经胎盘垂直传播。

本病无季节性,一年四季均可发生。

【临床症状】 潜伏期3～6天,有的可长达3个月。各种易感动物的临床症状基本上相同,表现如下特征。

1. 体温呈双相热型 即体温两次升高,间隔 3 天左右。病初体温升高 39.5℃~41℃,持续 2 天左右,此时出现毒血症,然后体温下降至常温,病狸精神状态有所好转,有食欲,维持 2~3 天后,体温再次升高,持续数周后,病情恶化,临床症状严重。

2. 出现各器官系统症状 有卡他性鼻炎或化脓性鼻炎。眼部炎症,双眼羞明,流泪,结膜发炎,眼球明显下陷,眼睑被粘性或脓性分泌物粘着,睁不开眼。精神高度沉郁,食欲减退或废绝,常有呕吐和腹泻,排泄物中有粘液或血液,甚至呈煤焦油样血便,有的病狸有里急后重的症状。因肛门括约肌松弛,后期病狸或死亡尸体常见肛门张开。病狸脱水,体重减轻,严重者在昏迷状态下死亡。部分病狸腹下、四肢内侧出现湿疹性皮炎。脚掌(肉垫)发炎肿胀,出现水疱状疹,继之化脓破溃,结痂,形成痂皮,有的痂皮开裂,脚掌广泛肿胀,比正常大 3~4 倍,趾垫发炎变硬,被称之为硬肉趾病。

3. 出现神经症状 病毒在脑内增殖,引起脑炎症状,头、颈及四肢肌肉出现阵发性痉挛收缩,共济失调、圈行、惊厥、昏迷,有的病狸突然倒地,口吐白沫,四肢作游泳动作,癫痫样发作,有的病狸后肢麻痹等。出现脑炎症状的病狸预后不良。病程多在 2~3 周,病死率达 100%。

【病理变化】 体表皮肤可见有疱疹、增厚、变硬、脱落皮屑,散发特殊臭味,眼睑肿胀,眼、鼻周围有较多的分泌物及干燥痂皮。肛门和母狸外阴肿胀,爪掌肉垫肿大坚硬,有的出现开裂。口腔粘膜有溃疡斑,鼻粘膜有粘液-脓性物覆盖,结膜肿胀出血,多数病例在内眼角上附有脓汁或干痂,眼睑闭合。气管粘膜充血、水肿及出血,有脓性分泌物。发生间质性肺炎或肺水肿、气肿,肺表面有出血点,严重者有化脓灶。心内、外膜出血,最常见的是卡他性或出血性炎症。肠粘膜发生卡他性或出血性炎症,常可见到出血点、糜烂斑或粟粒大乃至扁豆大的溃疡灶,直肠粘膜有时见到点状、条纹状乃至弥漫性出血。肠系膜淋巴结肿大,肝和肾皮质变性,肝急性肿大。胆囊充盈胆汁。膀胱粘膜肥厚,有出血点。原发性病例胸腺明显萎缩,呈胶冻样,具有特征性。脑有非化脓性脑膜炎变化,大脑水肿、充血,并有小出血点。

【实验室检查】

1. 病料采取 在流行初期选择典型病例,在濒死期或刚死亡后用无菌操作采取肝、脾、脑等组织块。

2. 动物试验 将病料用生理盐水制成 1∶5～10 倍乳剂,加入双抗处理,离心3 000转/分,30 分钟后取上清液接种。实验动物应是非疫区、没有接种过本病疫苗、断奶后 15 天的幼犬、雪貂、果子狸,接种 2～3 只,每只脑内注射 0.2 毫升,也可皮下或肌内注射 3～5 毫升,同时设不接毒动物作对照。接种后严密观察,多在 10～14 天至 2 个月动物出现典型症状,对照组动物应健活。

3. 包涵体检查 取清洁载玻片,其上加生理盐水 1 滴,以锐匙刮取膀胱粘膜制成涂片,自然干燥,甲醇固定,苏木紫-伊红染色(或姬姆萨染色),油镜检查,见包涵体位于细胞浆内,在 1 个细胞浆内有 1～10 个或更多呈鲜艳深红色圆形或椭圆形、直径1～2 微米或镰刀状的包涵体。细胞核呈淡蓝色,细胞质呈淡玫瑰色。

4. 病毒观察 取典型病例或实验动物病料分离病毒,用电镜观察病毒形态。

5. 血清学诊断

(1)血清中和试验 此抗体在感染病毒后 6～9 天开始出

现,30～40 天达高峰。本试验采用鸡胚接种或细胞培养病毒制备抗原。鸡胚接种用毒性为 $100～1\,000\,LD_{50}/0.1$ 毫升的病毒,被检血清稀释后与标准病毒混合,置室温中孵育 1～2 小时,再接种于 6～8 日龄鸡胚绒毛尿囊膜中,每只 0.2 毫升,在 $37℃$ 下孵化 6～7 天,检查病变,判定结果。

(2)琼脂凝胶沉淀反应 用已知标准犬瘟热免疫血清检测待检病料中未知病毒。琼脂板制备:在优质琼脂粉中加入占总量 8% 的氯化钠溶液(此溶液含氯化钠 1%～1.5%),再加入 0.25% 石炭酸作防腐剂,加热,将琼脂充分融化后倒入平皿中,冷却,制成 3 毫米厚的琼脂板,置于 $4℃$ 冰箱内保存(可在 1 周内使用)。使用时将琼脂板用打孔器按图样打孔,孔径 3 毫米,孔距 4 毫米。中孔加入标准阳性血清。第一孔加标准病毒抗原(阳性对照),第二至第四孔加被检病料,第三孔设阴性对照。加样后将平皿置于带盖、经过消毒的盒中,放入 $37℃$ 恒温箱中 24～48 小时,观察结果,进行分析。若被检病料孔与标准病毒抗原孔与标准阳性血清孔间出现的沉淀线完全融合时,阴性对照孔应为阴性反应,说明被检病料与标准病毒抗原为同一抗原。

(3)免疫荧光抗体检测 此法具有快速、敏感、简便、特异性强的优点。活体取末梢血液,制成涂片,死后取脾、淋巴结、肝、肾等组织切片,冰冻固定,滴加用 0.02% 伊文思蓝液,进行犬瘟热荧光抗体染色,经水洗、吹干、封固,用荧光显微镜观察。若细胞浆出现弥散性或颗粒样苹果绿色荧光、细胞核染成暗黑色、细胞清晰完整的为阳性。细胞浆染成紫红或暗黄色,胞核呈暗黑色的为阴性。

(4)犬瘟热快速诊断 北京京霸生物技术开发研究公司研制的犬瘟热快速诊断试剂盒,采用双抗体夹心免疫酶法,以特异性抗体检测病犬粪便中的犬瘟热病毒。其特点是方便、快速,30～40分钟出结果,准确率达90％以上,可用于狸瘟热的早期诊断。

6. 鉴别 临床上诊断时要与狂犬病、伪狂犬病、犬传染性肝炎、副伤寒鉴别。

【防 治】 感染本病后立即将病狸与可疑病狸、健狸隔离饲养,对症治疗。早期使用大剂量犬瘟热高免血清治疗具有一定的疗效。为控制继发感染,应大剂量使用抗生素或磺胺类药物。通常选用氨苄青霉素、卡那霉素、先锋霉素和磺胺嘧啶钠等。病初适当应用地塞米松,具有消炎和解热作用。在使用抗生素的同时,宜补充大剂量维生素 B_1 和维生素 C,补液纠正脱水和酸中毒,以及强心利尿、解毒退热、止痛镇静、止吐止泻、止咳祛痰等对症疗法。如出现神经症状,应采取镇静抗癫疯疗法,可使用氯丙嗪或安定等药物。对被污染的狸舍、环境、用具等选用3％福尔马林、3％氢氧化钠或5％石炭酸彻底消毒。

预防本病最有效的方法是注射犬瘟热疫苗,使其产生坚强免疫力。目前国内、外使用的疫苗种类较多,从实验研究和临床试验看,国外进口疫苗以荷兰英特威公司生产的犬瘟热、细小病毒二联苗效果好。国产的以中国农业科学院哈尔滨兽医研究所研制的犬瘟热疫苗效果较好,其保护率达到90％以上。

幼狸最好1年接种2次,断奶2周后,首次接种,间隔2周后再次接种。成年狸每年接种1次,母狸在配种前半个月增加接种1次,以提高母源抗体水平。

（二）细小病毒性肠炎

本病又称传染性肠炎、病毒性肠炎或细小病毒病。它是由犬细小病毒引起的接触性、急性、致死性传染病。病情的特点是剧烈腹泻、呕吐、白细胞减少及幼狸心肌炎。

【病　原】　犬细小病毒同猫泛白细胞减少症病毒、水貂肠炎病毒抗原关系密切，不论在血凝抑制试验、血清中和试验、琼脂扩散试验、免疫电镜、免疫荧光等均有交叉反应。基因组属单股 DNA，核衣壳 20 面对称，无囊膜，呈球状，直径为20 纳米。

犬细小病毒可在原代猫肾和肺、原代犬胎肠及这两种动物的肾与肺的传代细胞系（CRFK，MDCK）中增殖。犬细小病毒具有血凝特性，能凝集恒河猴、猪、马和猫、鸡、豚鼠的红细胞。犬细小病毒对外界因素抵抗力较强，$56℃$ 可耐受 1 小时，在 pH 值 3～9 的环境中 1 小时不影响其活力。对氯仿、乙醚等脂溶剂不敏感，对福尔马林和紫外线较为敏感。用福尔马林灭活可使其血凝价下降。

【流行病学】　在自然条件下主要感染犬，各种品种、年龄、性别的犬都易感，尤其是幼犬易感性最强，发病和病死率均很高。果子狸对细小病毒也极易感，有些果子狸场曾发生过暴发性流行。段文武等（2000）首次报道果子狸细小病毒性肠炎的诊断及防治。有资料记载，犬细小病毒性肠炎可在犬、狼、狐、貉、浣熊等动物中自然传播流行。与病犬接触过的猪、马、牛、羊、禽和人均不感染发病。

病狸和康复后带毒动物是本病的主要传染来源。病愈后带毒、排毒可达 8 个月之久。病狸的粪、尿、唾液、呕吐物中有大量的病毒，被污染的饲料、饮水、场地、用具等所带病毒传到易感动物后,通过消化道、呼吸道感染发病。也可经胎盘垂直感染,引起流产,死胎或产下的弱仔不久即死亡,未死亡的弱仔生长发育不良,1岁龄的仔狸只有同龄健狸体重的1/3。

本病一年四季均可发生,季节性不明显,常呈地方流行性。

【临床症状】 潜伏期人工接种10～15天,自然感染7～10天。初期病狸体温升高至40℃～41℃,精神沉郁,食欲减退或废绝,饮欲增加,鼻镜干燥,流少量的鼻液,排黄色的稀粪。随后病情加重,主要表现为腹泻,粪便棕黄色,含有血丝和胶冻状粘液,有恶臭。也有部分病狸的粪便为红色、绿色、黑色、白色的。少数的病例为水泻,稀粪中含有未消化的食物。病程后期,由于腹泻引起严重脱水,眼球下陷,被毛粗乱,呼吸困难,虚弱无力,行动失衡,最后因心衰、酸中毒等而死亡。病程短者4～5天,长者7天以上,亦有少数病例未见明显症状即突然死亡。

本病具有特征性的血液学变化,是白细胞数减少,常可减少到3 000/立方毫米,严重病例可降到1 000/立方毫米以下。有的病例血小板减少。

【病理变化】 剖检见全身肌肉干燥无光泽,脱水呈暗红色。肠道变化比较突出,有卡他性或出血性肠炎变化,肠腔内积有多量黄色肠粘膜脱落物,呈胶冻状,肠壁变薄。出血性肠炎变化的病例,肠粘膜充血、出血,呈暗红色,肠内充盈紫红色粥样稀粪,或混有紫黑色血块。这些尤以十二指肠、空肠更为明显。病程较长的病例,肠粘膜(特别是空肠和回肠)坏死、脱落,粘膜下充血及严重出血。肠系膜淋巴结肿大、充血,呈暗红色。肾肿大,充血、淤血,呈暗红色。膀胱粘膜有出血点。肺有气肿和小叶性肺炎。

【实验室检查】

1. 病毒分离 取粪液或濒死期扑杀的病狸肠内容物,配制成 5%～10% 的悬液,离心除去残渣后,加入高浓度的抗生素处理,再以 10 000 转/30 分钟离心分离,取上清液接种于原代或次代犬胎肾细胞或猫胎肾细胞中培养。培养 3～5 天后,可用电镜进行形态观察。另一方法是将病料接种到 A-72 细胞(一种犬肿瘤细胞)培养并传 3 代,细胞病变(CPE)出现后可确定已分离到病毒。

2. 动物接种 取病犬粪便提取物或肠内容物,接种 2 月龄健康犬(经红细胞凝集试验检查为阴性的犬),口服和肌内注射同时进行。经 7～10 天出现典型症状为阳性反应。再取粪便提纯做红细胞凝集试验和红细胞凝集抑制试验,结果为阳性。

3. 红细胞凝集及凝集抑制试验 用病料或细胞培养物做凝集猪或鸡红细胞(4℃或 25℃条件下)试验。再用已知的抗血清做试验,判定结果。做红细胞凝集抑制试验时,即可用已知抗原检测被检动物的血清,被检血清需经 56℃条件下 30 分钟灭活。

4. 快速诊断 采用农业部兽医诊断中心研制的犬细小病毒快速诊断试纸。本试纸采用胶金免疫检测技术及高科技点膜技术生产,具有快速、简便和特异性强等特点。操作仅需 20～30 分钟。本试纸能定性检测病狸粪便中是否存在犬细小病毒。可用于犬细小病毒性肠炎和心肌炎的快速诊断,也可用于犬群疫情普查和口岸检疫。本试纸由北京世纪元亨动物防疫技术有限公司生产。北京京霸生物技术开发研究公司研制的犬细小病毒性肠炎快速诊断试剂盒,采用双抗体夹心免疫酶法,以特异性抗体检测病犬粪便中的犬细小病毒,用于犬细小病毒性肠炎的快速诊断。具有简便、快速（20分钟出结果）、准确的特点，准确率达90%以上。

5. 荧光抗体检测 取病犬肠管或心脏病变组织，制备冰冻切片，作荧光抗体染色，常可检出细胞核内的病毒抗原。若为阳性视野中见明亮的黄绿色荧光着染。

另外还可用中和试验、免疫电镜、免疫扩散等方法进行诊断。

【防　治】 对本病尚无特效的治疗方法。可隔离病狸、进行对症治疗。在病初用抗犬细小病毒性肠炎血清治疗可获得一定的效果。对症治疗，可输液，防止脱水及酸中毒。为了防止发生休克可注射氢化可的松5～10毫克/千克体重。应用抗生素防止并发感染。加强消毒工作，消灭环境中的病原体。平时应做好免疫接种工作，使用犬细小病毒性肠炎疫苗或犬五联疫苗。仔狸断奶2周后首次注射2毫升，间隔2周后，再注射1次。成年兽1年注射1次疫苗。发生疫情后，对健狸用加倍量的疫苗进行紧急免疫接种。要到健康种狸场引种，引入的种狸隔离观察15天，补种疫苗，确认为健狸后方可并入狸群。

（三）传染性肝炎

传染性肝炎是由犬传染性肝炎病毒引起的犬、狐和果子狸及其他易感动物的急性、败血性传染病。其特点为循环障碍、肝小叶中心坏死、肝实质细胞和内皮细胞内出现核内包涵体。

【病　原】 犬传染性肝炎病毒又称犬腺病毒、狐狸脑类病毒，为腺病毒科，哺乳动物腺病毒属的成员。犬腺病毒有Ⅰ、Ⅱ两型，本病由Ⅰ型犬腺病毒所引起。本病毒呈球形，直径70～90纳米，核衣壳呈20面体对称排列，无囊膜，核酸为双股 DNA 蛋白衣壳,由 252 个壳粒组成。本病毒能凝集鸡、豚鼠、大白鼠和人(O 型)的红细胞。

犬传染性肝炎病毒具有较强的抵抗力。室温下可存活 70～90 天,有附着注射器上存活 3～11 天的报道,50℃15 分钟,60℃3～5 分钟,37℃26～29 天可灭活;紫外线照射 2 小时,2%甲醛 25 小时可灭活。能抵抗 95%乙醇 24 小时。pH 值 6 以下、8.5 以上经 5～10 天被灭活。犬传染性肝炎病毒只有 1 个血清型,各毒株间的毒力差别很大。本病毒对内皮细胞和肝细胞具有亲和力,能形成核内包涵体。动物感染本病毒后可获得长期免疫保护。

犬传染性肝炎病毒可在犬肾细胞系(MDCK)幼犬肾上皮细胞及雪貂、猴、豚鼠、地鼠肾原代细胞和仔猪肾、肺细胞上增殖,产生明显的 CPE,并可形成蚀斑,在细胞中形成嗜碱性核内包涵体。

【流行病学】 各种皮毛皮兽对本病均敏感,在自然条件下,曾见到狼、犬、狐、浣熊、黑熊、果子狸病例,貂、海狸鼠亦感染发病。其中以 6～12 月龄的幼龄动物最敏感,病死率亦高。

患病狸、犬耐过和隐性感染动物为本病传染来源。主要是消化道感染,亦可经胎盘垂直传播,引起新生仔狸死亡。

本病无明显的季节性,以夏、秋季节幼狸多发,饲养密度大,易于本病传播。本病在世界各地均有发生。

【临床症状】 潜伏期 3～8 天。

临床上分急性型和慢性型两种类型。

急性型病狸精神沉郁,食欲减少或废绝,体温升高至 40℃～41℃,有呕吐,常伴有腹泻、腹痛症状。病狸拱背、呻吟、粪便中带血,有浆液性或粘液性结膜炎,粘膜黄染。有的病例角膜混浊或出现白色角膜翳,心跳加快,节律不齐。有的病狸有神经症状。病狸最后身体消瘦,衰竭而死或转为慢性型。病程 2～12 天。

慢性型特征为贫血,进行性消瘦,并发结膜炎,病程长半个月左右。

【病理变化】 剖检见皮下水肿,腹腔有大量淡黄色液体,常含有血液,暴露于空气中后,常发生凝固。肝脏肿大,呈红褐色或淡黄褐色,色彩混杂不一,切面外翻,肝小叶界限明显,质地脆弱。胆囊变化具有诊断意义,囊壁明显增厚,高度水肿,有出血点,并有纤维蛋白沉着,整个胆囊呈黑红色。脾脏轻度肿大,充血。胃、肠粘膜出血。胸腺、胰腺的间质水肿,肠系膜、纵隔膜、心冠部、肠管浆膜、腹膜等及其附层淋巴结均出现水肿。其他变化不明显。

【实验室检查】

1. 包涵体检查 取肝、脾、肾等脏器做触片或石蜡组织切片,姬姆萨或伊红染色,显微镜检查,见肝窦状隙内皮细胞及脾、肾上皮细胞中有嗜酸性核内包涵体,呈圆形或椭圆形。本方法不是特异性的诊断方法,如检不出包涵体并不能否定本病的存在。

2. 病毒分离培养 取典型病例急性期病狸的脾等组织,接种到犬肾原代细胞中,检查有无该病的特征性细胞病变及嗜酸性核内包涵体。用此法分离到的病毒可进一步做理化性状和血清学检查。

3. 血清学试验

(1)红细胞凝集和凝集抑制试验 本病毒对人"O"型血红细胞及豚鼠和鸡红细胞具有凝集作用,可检查病料中有无本病毒存在。如果能使上述红细胞发生凝集,可用已知的抗体做凝集抑制试验,最后确诊。本方法较简便,特异性高,较常用。

（2）其他血清学试验　中和试验、荧光抗体技术、琼脂扩散、补体结合试验等均可用于本病诊断。

4. 皮内反应　用感染病貂脏器悬液的离心上清液，加甲醛灭活，对可疑病貂进行皮内注射，观察有无红肿出现，判定是否感染了本病。

【**防　治**】　在发病初期，可用抗血清进行特异性治疗。注射丙种球蛋白也能起到一定的治疗效果。此外，可用广谱抗生素，以防止细菌性疾病继发感染。还可参考应用细小病毒性肠炎的对症治疗方法。

在免疫预防方面，应用患本病病貂的脏器组织或病毒细胞培养物，制成甲醛灭活苗，进行接种，具有一定的免疫保护效果。由于免疫后抗体滴度下降较快，免疫保护的持续时间较短，所以需每半年注射 1 次。目前广泛使用的预防接种疫苗有三联苗和五联苗，均有较好的预防效果。

（四）狂 犬 病

狂犬病又称恐水症，是由狂犬病病毒引起的人、畜和野生动物共患的急性、危险性传染病。病情特点是神经兴奋性增高和意识障碍，随后局部至全身麻痹而死亡。

根据世界卫生组织和国际兽疫局调查，本病遍及全世界，除欧洲部分国家和非洲个别地区外，其他地区均有发生。因此，本病受到国际卫生组织很大的关注。

【**病　原**】　狂犬病病毒属于弹状病毒科，狂犬病病毒属。病毒粒子呈子弹形，一端钝圆，一端扁平，宽 75～85 纳米，长 180～200 纳米，病毒粒子由单链 RNA 和蛋白质组成长丝状核衣壳，核衣壳最外层包裹由糖蛋白构成的纤突。此纤突能刺激机体产生中和抗体。

此病毒在动物体内主要存在于中枢神经组织、唾液腺和唾液内。在中枢神经(尤其是海马角、大脑皮质和小脑)细胞的胞浆内形成包涵体,称内基氏小体。内基氏小体用显微镜观察,呈圆形或卵圆形,嗜酸性染色,呈鲜红色。

本病毒可以在 7 日龄的鸡胚绒毛尿囊膜、尿囊腔内、卵黄囊内繁殖,也能在鸡胚、鼠胚、兔胚的大脑细胞和肾细胞内繁殖。本病毒在 20℃ 下可存活 14 天。在 54℃~56℃ 下 1 小时,60℃ 下 5 分钟,100℃ 下 2 分钟失去活性。在尸体内可存活 45 天以上。在 50%甘油缓冲液中置于冰箱内可存活 1 年。狂犬病病毒能抵抗自溶和腐败,在自溶的脑组织中可存活 7~10 天。本病毒不耐湿热,紫外线、X 射线均能使其灭活。1%甲醛溶液,3%来苏儿于 15 分钟内可使其灭活。1%~2%肥皂水,43%~70%酒精,0.01%碘溶液也能使本病毒灭活。

【流行病学】 易感动物十分广泛,在自然条件下几乎各种动物都有易感性,人亦易感。野生动物中貉、狐、银黑狐、北极狐和赤狐、果子狸、狮、熊、鹿均易感。实验动物家兔、豚鼠及鼠类均易感。患病犬、猫和带毒野生动物狐狸等是本病的传染来源。被感染动物在出现临床症状前 5~15 天,至临床症状消失后 6~7 天,唾液中均含有病毒。

本病传播方式主要是被患病动物咬伤,病毒随唾液进入伤口而感染,也可经呼吸道、消化道和胎盘垂直感染。

【临床症状】 潜伏期多为 2~8 周,最短者 8 天,长者可达数月。前期出现短时间的沉郁,常躲在阴暗的角落里,不爱活动,不断打呼噜,神态异常,有异食表现,此阶段不易发现。发展到兴奋期有癫狂症状,性情暴躁,攻击人、兽,无目地奔走,声音嘶哑,流涎增多,吞咽困难。至麻痹期,下颌下垂,眼斜视,行走摇晃不稳定,后肢麻痹,体温降低。最后因全身衰竭和呼吸麻痹而死亡。病程3～6天。

【病理变化】 剖检无特征性变化。常见胃内空虚或有异物,胃粘膜充血、出血。脑血管充血,有小出血点。肝、脾、肾肿大,肺出血,心脏扩张。

【实验室检查】 由于狂犬病对人类有极高的危险性,取标本时必须特别注意个人的安全防护。病料采取濒死期或刚死亡病狸的海马角、延脑、脊髓和唾液腺,置灭菌容器中,冷藏条件下快速送检。

1. 包涵体检查 将病料(最好是海马角)制成触片,染色,显微镜检查,观察有无包涵体。包涵体存在于神经细胞浆内,嗜酸性(樱桃红色),其中常见到嗜碱性(蓝色)小颗粒。包涵体呈梭形、圆形或椭圆形,大小悬殊很大。检查到包涵体即可以确诊。但检出率低,若为阴性时,可再用其他方法检查。

2. 荧光抗体技术 用已知荧光抗体检查脑组织或唾液腺制成的压片或冰冻切片,用荧光显微镜检查,胞浆内出现黄绿色荧光颗粒者为阳性。该方法快速、敏感、特异,是常用的一种血清学诊断方法。

3. 病毒分离鉴定 将病料制成注射剂,接种于5～7日龄的乳鼠脑内,观察临床症状,检查脑内包涵体。如果为阴性者可盲传3代,观察28天,然后取乳鼠脑组织做包涵体检查,阴性者再经荧光抗体法检查,依然为阴性者,可确诊为阴性。

除上述方法外,还可用电子显微镜检查病毒或用已知抗血清进行中和试验,在实际工作中根据临床症状、病理变化和有被患狂犬病动物咬伤的病史,再加上包涵体检查为阳性时,可诊断为狂犬病。

【防　治】　平时对场内果子狸进行有计划的免疫接种，是控制、消灭本病有效措施。严禁狗、猫及其他动物串入场内。发生狂犬病的狸场应实行封锁，防止病狸逃出场外。患狂犬病的病狸及可疑病狸尸体应烧毁。被病狸咬伤的果子狸的处理：①伤口用20％肥皂水或0.1％新洁尔灭洗涤，反复冲洗，至少洗30分钟，再用75％酒精涂擦伤口。②用狂犬病疫苗进行紧急接种。③有条件时可用高免血清在伤口周围及底部进行注射，伤口不宜止血、缝合和包扎。

（五）伪狂犬病

伪狂犬病又称奥耶斯基氏病和阿氏病，是由伪狂犬病病毒引起的多种家畜、禽类及野生动物的急性传染病。本病的特点是发热、奇痒及脑脊髓炎症状。

本病发生于欧、美、亚等许多国家和地区。我国亦有在猪群中暴发的报道，牛和水貂亦有发生。

【病　原】　伪狂犬病病毒为疱疹病毒，属疱疹病毒科，疱疹病毒属，核酸为双股DNA，有囊膜及纤突，圆形，病毒粒子直径为180～190纳米。本病毒能在鸡胚上增殖，亦可连续继代。兔、猪肾原代细胞或传代细胞适于本病毒增殖。病毒在动物发病初期主要存在于血液、脏器和尿中，发病后期多在神经系统中。该病毒对外界环境的抵抗力较强，在24℃下可存活30天，60℃下30分钟，100℃下瞬间被杀死。对石炭酸不敏感，在0.5％石炭酸中可存活10天。在5％石灰乳或0.5％碳酸氢钠溶液中1分钟即可灭活。

【流行病学】　在自然条件下对多种野生动物均有致病性，如狐、貉、海狸鼠、冬芒狸、果子狸等。对家畜如猪、牛、羊、犬、马、猫均易感。对禽、鸟类及蛙进行人工感染均能引起发病。病猪、带毒猪及鼠类是本病主要传染来源。本病可经消化道和呼吸道感染,还可经胎盘、乳汁、交配及损伤的皮肤感染。食肉及杂食动物主要因采食带毒猪、鼠的肉及下脚料,经消化道而感染发病。发病无明显的季节性,常呈暴发性流行。

【临床症状】 潜伏期2～5天,长者为12天。病初体温升高到41℃左右,精神沉郁,被毛粗乱,绝食,流涎,呕吐,对外界刺激反应极为敏感。病毒侵入中枢神经系统后,病状加重,共济失调,转圈运动,抬头作观星状姿势。有的病例出现向前冲或向后退的强迫动作,无攻击性。随后后躯无力至瘫痪,两前肢负重,呈犬坐姿势,躯体和颈部呈阵发性痉挛。有的病例呈阵发性癫疯样发作,肢体僵硬,甚至出现角弓反张等。病狸奇痒,初用舌舐痒部或用前爪搔痒部,后痒感加剧,用口啃咬或摩擦患部,使痒部皮破血流,痒不可忍,时时鸣叫。呼吸困难,呈浅表腹式呼吸。鼻孔和口腔流出有血样泡沫的液体。最后体温下降,倒地,四肢划动,衰竭死亡。病期3～6天,病死率100%。

【病理变化】 剖检无特征性病理变化。临床上有明显神经症状的死亡病狸,见脑膜充血、水肿,脑脊液增多,偶尔见脑实质部位有小出血点。全身脏器充血,粘膜、浆膜有出血点,小肠有卡他性或出血性炎症变化。肺水肿,肺小叶间质性炎症,肾、膀胱有小出血点。

【实验室检查】

1. 家兔人工感染试验 无菌采取刚死动物的脑组织、肝、脾、肺等,制成1∶5倍的组织悬液,作2 000转/分离心10分钟,取上清液,加青霉素和链霉素处理,用2～5毫升接种于家兔腹侧皮下,多于1～5天后在接种部位出现剧痒。兔舐、咬、撕啃接种部位，使该处掉毛、破皮、出血，甚至露出骨头。病程很短，多持续 4～6 小时即衰竭、痉挛、呼吸困难而死亡。除接种家兔以外，也可作 21～28 日龄小白鼠皮下接种。

因伪狂犬病的动物接种试验具有典型的特征性症状，故可确诊是否患本病。

2. 鸡胚和组织细胞培养　取上述方法处理的病料，接种于孵化 10～12 日龄的鸡绒毛尿囊膜上，或接种于孵化 6～8 日龄的鸡胚卵黄囊内。接种绒毛尿囊膜时，用 1 毫升注射器吸取上清液，滴 2～3 滴于绒毛尿囊膜上。接种卵黄囊内时，则用上清液 0.3～0.5 毫升注射于其中。接种后，将鸡蛋放在 37℃ 的孵化箱中孵化，并逐日照蛋检查，可以见到膜上有出血点或白斑。若接种猪肾单层细胞或鸡胚单层细胞，孵育后逐日检查。病毒在细胞内繁殖以后，猪肾细胞或鸡胚细胞逐渐变圆、脱落，产生空斑。

3. 荧光抗体技术　用荧光色素标记好的抗体检查动物的脑压片或冷冻切片。如在神经节细胞内观察到荧光，即可判为阳性。该方法快速、准确，而且实用。

【防　治】　本病无有效治疗药物。发生疫情后的处理：①严格隔离。对发病的动物要尽快处死，尸体深埋或烧毁。②彻底消毒。被病貂污染的畜舍、场地、用具等都要严格消毒，病貂排出的粪尿要做无害化处理。③消灭老鼠。老鼠是本病重要的传染源。④发病的貂场加以封锁。疫病流行终止后 15 天方可解除。⑤免疫接种。接种伪狂犬病弱毒疫苗有较好的预防效果。

五、果子狸细菌性传染病的防治

(一)巴氏杆菌病

巴氏杆菌病是由多杀性巴氏杆菌引起的野生动物、家畜、家禽传染病。急性型病例以败血症和出血性炎症为主要特征,故又称出血性败血症。慢性型病例皮下结缔组织、关节及各脏器发生化脓性病症。

【病　原】　该病的病原为多杀性巴氏杆菌,为巴氏杆菌属。本菌呈卵圆形或短杆状,长 1～1.5 微米,宽 0.3～0.6 微米,不形成芽胞,无鞭毛,不能运动,可形成荚膜,革兰氏染色阴性。以死亡动物的血液或脏器做涂片,用姬姆萨、瑞氏或美蓝染色后,菌体两端着色深,呈两极浓染。这是鉴定本菌主要特征之一。用培养物制作涂片镜检,两极着色不明显。新分离的菌株具有荚膜,体外培养后很快消失。

本菌可在普通培养基上生长,但不旺盛,在添加少量血液、血清的培养基上生长良好。培养 24 小时后,形成淡灰白色、露滴样小菌落,表面光滑,边缘整齐,新分离的菌落具有较强的荧光性。本菌在普通肉汤培养基中生长,肉汤发生混浊。

根据多杀性巴氏杆菌的荚膜抗原,用交叉被动血凝试验可将本菌分为 A,B,D 和 E 四种荚膜血清型。近年来,世界各国多用琼脂扩散试验,分为 16 个血清型。

【流行病学】　多种野生动物、家畜、家禽、实验动物均可感染本病,人也有感染的报道。可感染本病的野生动物有果子狸、鹿、大角绵羊、弯角羚、鹿角羚、普氏原羚、黑羚、黄羊、野牛、袋鼠、美洲狮、豹、浣熊、野猪、孟加拉虎、象、红狐、水貂、麝、啮齿类、河马、野兔等。易感鸟类有 30 多种。果子狸对本菌敏感，以 2～3 月龄的仔狸多发。

主要传染来源是患病和带菌的果子狸。湖南曾有一果子狸场因果子狸和香猪关在同一畜舍内，而致使果子狸发生本病。主要通过呼吸道和消化道感染，也可经损伤的皮肤、粘膜感染。昆虫也能传播本病。本病发生一般无明显的季节性，环境条件的剧烈变化、长期营养不良或患有其他疾病等都可以促使本病发生。

【临床症状】 本病潜伏期 1～5 天。临床上常见的有急性败血型和慢性肺炎型。

急性败血型病狸精神沉郁，被毛粗乱，食欲减退或废绝，饮欲增加。体温升高至 40℃～41.5℃，呼吸困难、频数、咳嗽，鼻镜干燥，鼻孔流出少量粘液性无色或略带暗红色的分泌物。心跳加快，个别的病例头部和颈部发生水肿。有少数病例发生腹泻，粪中混有粘液或血液。病程后期运动不灵活，常呈痉挛性抽搐，以至死亡。病程 1～5 天。

慢性肺炎型病狸精神沉郁，体温升高至 41℃以上。呼吸困难，咳嗽，严重时头颈伸直，鼻翼张开，颤动，口吐白沫，便血。病程 5～6 天。

【病理变化】 急性败血型剖检见典型的败血症变化，全身皮肤、粘膜、浆膜均有大小不等的出血点。咽喉及其周围组织呈出血性浆液性胶样浸润。肺充血、出血、水肿，有时可见红色肝变区，以及小叶间结缔组织由于浆液浸润而增宽。浆膜腔（胸腔、腹腔、心包囊）有大量淡黄色的渗出液。心内、外膜有出血点，尤以心耳最严重。胃肠粘膜有出血性炎症，肾暗红色，有大量小出血点。脾通常不肿大。

慢性肺炎型病例剖检见纤维素性胸膜肺炎和纤维素性心

包炎。肺表面和胸膜上覆盖一层纤维素性蛋白膜,使其发生粘连,有时胸膜、肺、心包膜三者发生严重粘连。肺有不同的肝变区和坏死灶,切面呈大理石样。气管中粘液增多,粘膜充血和带状出血,肺水肿、淤血、出血。胃粘膜有出血点,肠粘膜充血、出血,尤以十二指肠和小肠前段较严重。淋巴结肿大、出血。肾肿大、淤血,呈暗红色。膀胱充满尿液。肝脏稍肿大,脾无眼观变化。

【实验室检查】

1. 涂片镜检 取心血、肝或脾制成涂片,用美蓝、姬姆萨、瑞氏染色,镜检可见两极浓染的球杆菌。结合流行病学、临床症状、剖检变化,可作出较可靠的诊断。

2. 细菌分离培养 在镜检的同时,以无菌操作取心血、肝、脾等病料,接种于血液琼脂培养基和麦康凯琼脂平板,做分离培养。第二天观察生长情况,血琼脂培养基上生长呈淡灰色、圆形、湿润、露滴状小菌落,菌落周围无溶血区。取典型菌落涂片染色、镜检,见两极浓染的革兰氏阴性小杆菌。麦康凯琼脂上该菌不生长。

3. 动物试验 以上述病料制成 1∶5～10 倍悬液或 4% 血清肉汤培养液,接种于小白鼠皮下或腹腔中。接种 2～4 只小鼠,每只注射 0.2 毫升,一般在 24～72 小时小白鼠死亡。以死鼠肝、心血涂片、染色、镜检,见有两极浓染的球杆菌,即可确诊。

4. 生化试验 本菌在 48 小时内能分解葡萄糖、果糖、半乳糖、蔗糖、甘露醇等,产酸不产气。一般不发酵乳糖、鼠李糖、菊糖、水杨苷、肌醇等,可产生硫化氢,能形成靛基质。过氧化氢酶、氧化酶均为阳性。不液化明胶,在石蕊牛奶培养基中无变化。在三糖铁上生长可使培养基底部变黄,血液琼脂上生长良好。45°折光下菌落产生橘红色或蓝绿色荧光。

5. 血清学试验　常用的有快速全血凝集、血清平板凝集或琼脂扩散试验等。

【防　治】

1. 平时预防　①加强饲养管理，提高机体抵抗力，消除发病诱因。②定期进行免疫接种，可从本场病死狸身上分离巴氏杆菌，制成死菌苗进行免疫接种。1年接种2次。③药物预防。本病流行季节，在饲料里加一些抗菌药，例如每吨饲料加磺胺二甲基嘧啶450～900克或喹乙醇等拌饲料喂，可预防本病的发生。

对被病狸污染的环境、用具等应全面彻底消毒。

2. 治疗　早期使用抗菌药物治疗，盐酸土霉素、四环素、磺胺类药物均有一定的疗效。也可用青霉素与链霉素合用，或青霉素与磺胺类药合用，效果较好。注射氧氟沙星等喹诺酮类药也有很好的疗效。此外，可用抗巴氏杆菌血清，成年狸10～15毫升、幼狸5～10毫升，皮下或肌内注射，每天1～2次，连续使用5～10天。

（二）大肠杆菌病

大肠杆菌病是由致病性大肠杆菌所引起的人、兽共患肠道传染病。主要侵害幼龄动物，临床以严重腹泻、败血症为主要症状。

【病　原】　大肠杆菌属肠杆菌科，埃希氏菌属，是中等大小杆菌，有鞭毛，无芽胞，革兰氏染色阴性，能在普通培养基上生长，形成凸起、光滑、湿润的乳白色粘液性圆形菌落。溶血性大肠杆菌在血液琼脂培养基上溶血，在麦康凯和远藤氏琼脂培养基上形成红色菌落，在SS琼脂培养基上多数不生长，少数形成深红色菌落。对碳水化合物发酵能力强。靛基质(吲哚)、枸橼酸利用试验分别为"＋"、"－"。对外界不利因素的抵抗力不强,常用消毒药能将其杀死。

根据大肠杆菌有无致病性,将其分为病原菌、共生菌(非致病性)和条件性致病菌三大类。其形态、染色性状、培养特性及生化反应等方面都没有差别,只是抗原构造不同。大肠杆菌抗原现已知有几千个,有菌体抗原(O)160多种,鞭毛抗原(H)64种,荚膜抗原(K)103种。不同血清型大肠杆菌对多种动物致病性。对家畜和人无致病性的某些血清型对野生动物和毛皮兽有致病性。目前对人和家畜致病性大肠杆菌血清型基本研究清楚了,对野生动物致病性大肠杆菌血清型大多数还不清楚。已知水貂、银黑狐及北极狐大肠杆菌病病原体血清型有 O_{26}, O_{20}, O_{55}, O_3, O_{111}, O_{119}, O_{124}, O_{125}, O_{127} 和 O_{128}。对果子狸致病的大肠杆菌血清型还不清楚。

【流行病学】 各种动物都可发生大肠杆菌病,果子狸对致病性大肠杆菌易感,其中主要发病的是断奶后的仔狸,母狸亦可感染。

大肠杆菌存在于健康动物的肠道、胆囊、淋巴结中,平时不致病。当饲养管理不良、饲料不足、维生素A及维生素D缺乏、天气骤变等不良因素,使机体抵抗力降低时,引起体内大肠杆菌大量繁殖、数量增多、毒力增强而致病。患过此病的幼狸和成年狸长期成为带菌者。患病动物、带菌动物、健康带菌者均成为本病的传染来源。其排泄物污染饲料和饮水,健狸通过消化道而感染发病。

本病一年四季均发生,以春末夏初阴雨、潮湿季节较多发,湖南省以 3～5 月份多发,常呈散发。

【临床症状】 潜伏期 2～5 天。仔狸突然发病,精神沉郁,被毛粗乱,食欲减退或废绝,鼻镜干燥,体温升高至 40℃～41℃,有时伴发呕吐和呼吸困难。病初粪便呈黄白色粥状,随后腹泻加剧,粪便呈灰白色带粘液,有时混有血液,恶臭,严重者呈水泻样。病狸迅速消瘦,衰竭,眼球下陷,步态不稳,脱水而死亡。病程 2～3 天。有的病例出现神经症状,惊恐不安,无目的地狂跑,做转圈运动,头颈歪斜。怀孕母狸患本病发生流产、死胎或乳房炎。

【病理变化】 剖检见腹腔有多量半透明的纤维素性渗出液,胃、肠、肝、脾之间有纤维素性渗出物使其发生粘连。肠系膜淋巴结肿大、出血和水肿。胃底部有出血和溃疡。肠粘膜充血、出血,呈暗红色,肠内容物呈红褐色、灰黄色、灰白色等。心冠脂肪、肾、膀胱粘膜有散在的出血点。肺充血、水肿,脾轻度肿大,有散在的出血点。

【实验室检查】

1. 涂片镜检 选择临床症状典型而又未经抗菌药物治疗的病狸,在濒死期扑杀(或刚死亡),将其尸进行剖检,采取小肠内容物及肝、脾和心血等病料做涂片,革兰氏染色,镜检。若认为是可疑病例,需进行分离培养。

2. 分离培养 以肝、脾或心血等材料,无菌操作接种于选择培养基上。在伊红美蓝培养基上,大肠杆菌菌落呈紫黑色,有金属光泽。在麦康凯培养基上菌落呈红色。在中国蓝培养基上菌落呈蓝色。

3. 生化试验 以斜面培养基纯培养物作生化鉴定。本菌分解葡萄糖、乳糖、甘露醇、鼠李糖,产酸、产气。发酵蔗糖,产酸不产气。不分解肌醇。

4. 血清学鉴定 以纯培养物与多价 OB 或 OL 定型血清做玻片凝集试验,2～3 分钟内出现凝集现象者为阳性。

5. 动物试验 主要检查其致病力。试验动物最好选择与患病动物相同种类的动物。

【防 治】

1. 合理喂养 主要是喂全价饲料、质量好的饲料，以满足果子狸的营养需要，提高抵抗力。

2. 做好消毒工作 狸舍门口设消毒池，池内的消毒药液要定期更换，经常保持有效浓度。设紫外线消毒室，工作人员进入生产区要更换工作服和胶靴，经紫外线照射后再经消毒池，进入狸舍。回生活区时必须把工作服和胶靴放在更衣室内，不得穿出场外。

3. 预防接种 在本狸场分离致病性大肠杆菌，制成甲醛灭活菌苗，给妊娠母狸注射 2 次，2 次注射间隔 20～30 天，有较好的预防效果。

4. 药物预防 可用中草药预防。如海蚌含珠、马齿苋、黄花酢浆草、旱莲草、地锦、银花藤等，做成粉末拌料喂给，有很好的预防效果。

5. 及时治疗 发现本病应立即分离纯大肠杆菌做药敏试验。作者的试验结果是丁胺卡拉霉素、氧氟沙星、沙拉沙星、头孢拉定为极敏药；恩诺沙星、甲磺培氟沙星、甲磺达氟沙星、加强性乳酸环丙沙星为敏感药物。用上述药物对病狸进行隔离治疗，对全场健狸进行服药预防。

（三）沙门氏菌病

沙门氏菌病又称副伤寒，是由沙门氏菌属引起的野生动物、家畜、家禽和人的多种疾病的总称。该病对幼龄动物及禽类危害较大，常引起急性败血症、胃肠炎及其他局部炎症。成年动物及禽类往往呈散发或局灶性病变，孕畜常发生流产。人主要引起食物中毒。

【病　原】　本菌为肠杆菌科,沙门氏菌属的成员。根据生化性状,本属分为 6 个亚属,每个亚属按菌体抗原(O)与鞭毛抗原(H)结构分若干血清型。大多数沙门氏菌属于第Ⅱ亚属。目前世界上已发现有2 200个以上的血清型。我国已发现有200 个以上血清型,其中有 15 个血清型是沙门氏菌常见菌型。

沙门氏菌为两端钝圆,中等大小的直杆菌,革兰氏染色阴性,不产生芽胞,无荚膜。除鸡白痢和鸡伤寒沙门氏菌外,都有周鞭毛,能运动。在葡萄糖、麦芽糖、甘露醇和山梨醇中,除伤寒沙门氏菌和鸡白痢沙门氏菌不产气外,均能产气。不分解乳糖,不凝固牛乳,不产生靛基质,不液化明胶。在普通培养基上生长良好,可需氧和兼性厌氧培养,培养适温 37℃。

沙门氏菌对干燥、腐败、日光等环境因素的耐受能力中等。在外界环境中可以存活数十天。对化学消毒剂抵抗力不强,常用消毒剂和消毒方法均可达到消毒目的。

小白鼠对沙门氏菌最易感,可引发败血症而死亡。豚鼠、家兔、果子狸也能感染沙门氏菌。

【流行病学】　人、家畜、家禽以及野生动物对沙门氏菌属许多血清型的沙门氏菌都具有易感性。不分年龄大小均可感染,而以幼龄动物更为易感。患病动物和带菌动物是本病的主要传染来源。病菌由粪便、尿、乳汁及流产胎儿、胎衣和羊水排出,污染饲料和饮水,经消化道可使健康动物感染,亦可通过交配感染。健康动物的带菌现象非常普遍,当受到外界不良因素影响、动物抵抗力下降时,体内细菌大量繁殖、毒力增强而致病。

本病一年四季均可发生,以春末夏初阴雨、潮湿季节较多发。多为散发,有时呈地方性流行,但范围不大,局限于某一狸场。

【临床症状】 果子狸感染沙门氏菌病的潜伏期3~5天,也有短些或长些的。临床上分为急性型和慢性型。

急性型(又称为败血型),体温升高至41℃~42℃,伴随体温高出现全身症状,精神委靡,食欲减退并很快废绝,病狸四肢无力,不愿运动,喜躺卧,出现阵发生性震颤,有时有呕吐、呼吸困难等。初便秘后腹泻,也有一开始就出现腹泻的,粪便呈淡黄色,稀如糨糊状,常混有粘液和血液。病狸有拱背、缩腹、收尾等腹痛表现。皮肤上出现紫红色斑块。在病程末期由于心脏衰竭、呼吸困难、血液循环障碍,引起耳、鼻、胸前、腹下、四肢下端以及肛门皮肤上出现先呈紫红色后变为蓝紫色的斑块。病程4~5天。急性病例多数以死亡告终,偶有不死者转为慢性。

慢性型(肠炎型),可由急性转变而来,也有一开始就呈慢性的。病狸体温40℃~41℃,精神沉郁,食欲减少至废绝,喜饮水,有寒战。有的病例出现化脓性结膜炎,流泪,并有脓性分泌物。主要症状是胃肠机能紊乱,腹泻,粪中含有大量粘液或血液,恶臭。后肢和肛门周围常粘有粪便。有呕吐。由于严重腹泻,很快脱水,眼睛下陷无神,皮毛粗乱无光泽,四肢从无力到瘫痪,最后衰竭死亡。病程长达15~30天。临床康复后可成为带菌者。

母狸在不同时期感染本病有不同的临床表现。在交配期感染本病,多数出现空怀,空怀率高达18%。在妊娠前期感染本病,多在临产前5~15天发生流产。在妊娠后期感染本病,易产发育不良的弱仔,弱仔多在生后10天内死亡。哺乳期仔狸感染本病,表现腹泻、委靡、衰竭、吸乳头无力,运动困难,抽搐与昏迷,多在 2~7 天后死亡。耐过者发育迟缓,恢复后长期带菌。

【病理变化】 病理变化是诊断本病的重要依据。急性型主要为败血症变化。剖检见脾脏肿大,有时为正常的数倍大,质地似橡皮,有弹性,呈特征性的紫红色或暗褐色,切面多汁。有散在的出血点斑及坏死灶。肠系膜淋巴结显著肿大,其他部位的淋巴结也有不同程度的肿大,切面呈灰白色或呈暗红色,多汁。肝脏肿大,呈淡黄色或红褐色,有极为细小的黄灰色坏死点,切面外翻,小叶不清,胆囊增大,充满浓稠胆汁。消化道有急性卡他性肠炎,粘膜充血、出血,有时见粘膜表面有纤维素性浸出物或糠麸样伪膜。肠内容物为稀薄的粘液,常混有血块或纤维素性絮状物。

慢性型剖检见坏死性肠炎,回盲结肠粘膜上覆盖有局灶性或弥漫性糠麸样痂皮,剥离痂皮后见底部呈红色、边缘不整齐的溃疡面。肠壁增厚。肝脏肿大、变性,常见有灰黄色或灰白色小坏死点,称为副伤寒结节。肠系膜淋巴结呈索状肿大,比正常大好几倍,有灰白色髓样变化,切面多汁、有大小不等的坏死灶,较大的已干酪化。脾脏轻度增生性肿大,质地坚硬,表面、切面有坏死灶。

【实验室检查】

1. 镜检 急性病例生前可采取血液和粪便,死亡后采取脾、肝、肾、肠系膜淋巴结等病料制片,胆汁染色,镜检,可见革兰氏阴性菌。因缺乏特征,镜检结果只供参考。

2. 分离培养及鉴定 以无菌操作采取病死貍的血液或脏器,直接接种选择培养基(S.S 琼脂)及鉴别培养基(麦康凯或伊红美蓝),再挑选菌落接种三糖铁培养基。在 S.S 琼脂平板培养基上形成圆形、光滑、湿润、半透明、灰白色、大小不等的菌落。在麦康凯或伊红美蓝培养基上生长出无色小菌落。在鲜血琼脂平皿上生长灰色不溶血的菌落。在三糖铁培养基上因沙门氏菌分解葡萄糖产酸、产气,多数产生硫化氢,管底层发黄,有气泡,上层因不发酵乳糖,仍为粉红色。经三糖铁培养,进一步确认为沙门氏杆菌后,可将被检菌株继续做生化试验,然后进行抗原测定。抗原测定时采用沙门氏菌多价 O 血清与被检菌进行玻板凝集试验。

3. 血清学检查 除了平板凝集试验以外,还可做琼脂扩散试验、荧光抗体试验等。

【防　治】 预防本病,要平时加强狸群饲养管理,提高机体抵抗力,消除发病诱因。在本病流行季节,可在饲料里加抗菌药物,例如在饲料中添加甲磺酸培氟沙星、甲磺酸达氟沙星、氧氟沙星、硫酸粘杆菌素等,均有很好的预防效果。可试用猪副伤寒活菌苗,进行预防接种。

治疗应选择药敏药物,剂量要足,疗程要长,早期治疗效果好。发现病狸应立即隔离治疗。作者通过多次药敏试验,发现甲磺酸培氟沙星、氧氟沙星(原粉自己配制)、硫酸粘杆菌素、甲磺酸达氟沙星、乳酸环丙沙星、丁胺卡那霉素、头孢拉定等为极敏药物,可供临床应用。

(四)布氏杆菌病

本病是由布氏杆菌引起的人、畜、野生动物共患慢性传染病。病情的特点是侵害生殖器官,引起母畜流产和不育,公畜发生睾丸炎和附睾炎。人也易感染此病,表现为四肢关节和周身关节疼痛,四肢乏力,典型波浪热型。对人、畜危害很大,目前在我国还没有完全控制此病,应引起重视。

【病　原】 布氏杆菌为革兰氏阴性小杆菌,呈球状或短杆状,常散在,无鞭毛,不形成芽胞和荚膜。用科兹洛夫斯基染色法染色时,布氏杆菌染成红色,其他菌染成蓝色(或绿色)。

布氏杆菌分为 6 个种,10 个生物型,即马尔他布氏杆菌(羊型布氏杆菌)、流产布氏杆菌(牛布氏杆菌)、猪布氏杆菌、绵羊布氏杆菌、犬布氏杆菌和沙林鼠布氏杆菌。

布氏杆菌是需氧菌或微需氧菌,最适宜生长温度 37℃,最适 pH 值 6.6~7。在血清肝汤琼脂培养基上形成湿润、无色、圆形隆起、边缘整齐的小菌落。在马铃薯培养基上生长良好,长出黄色菌苔。

本菌对热的抵抗力较弱,对常用的消毒药敏感,对寒冷的抵抗力较强。在土壤和粪便中可存活数周至数月,在水中可存活5~150 天。

【流行病学】 本病能侵害果子狸、家畜和人。幼龄小动物对本病有一定的抵抗力,随着年龄增长,这种抵抗力逐渐减弱,性成熟的动物最易感。实验动物中以豚鼠和小白鼠最易感。禽类一般不易感染布氏杆菌病。

传染来源是患病果子狸和带菌果子狸,最危险的是受感染的妊娠母狸,流产后排出的胎儿、胎衣、胎水及阴道排泄物,均含有大量的布氏杆菌,常常在乳汁中排出布氏杆菌。公狸患睾丸炎及附睾炎时,可以从精液中排出本菌,有时从粪、尿排出本菌。

感染途径以消化道为主,即由于摄取被病原菌污染的饲料和饮水而感染。其次是通过皮肤、粘膜和交配感染,吸血昆虫(如蜱)可通过叮咬而传播本病。本病流行特点是动物一旦被感染,妊娠母狸发生流产,多数只流产 1 次。流产高潮过后,流产可逐渐停止,病狸虽然表面看恢复了健康,而多数成为长期带菌者。除流产外,还发生子宫炎、关节炎等。本病无明显季节性,以产仔季节为多见。

【临床症状】 潜伏期长短不一,短者 2 周,长者达半年,多数为隐性传染。

1. 妊娠母貂流产 流产前表现分娩预兆症状,精神沉郁,食欲减退,体温正常。乳房肿大,能挤出乳汁,阴唇和阴道粘膜潮红、肿胀,阴道流出灰白色或灰红色粘液或脓性分泌物,不久发生流产。流产胎儿多为死胎或弱胎,生后不久死亡。胎衣常滞留,也有正常排出的。产后有一部分母貂由于胎衣滞留引起子宫内膜炎,从阴道流出红褐色污秽不洁的恶臭分泌物,经 2～3 周消失。绝大多数患病母貂能自愈,并获得免疫力,可以再次受孕,也有少数患病母貂因为慢性子宫内膜炎造成长期不孕。

2. 公貂发生睾丸炎 全身症状不明显,睾丸、附睾肿胀坚硬,急性病例有热有痛,阴囊壁增厚、硬化,性机能降低,不能配种,有的还有阴茎炎。

3. 关节炎、滑液囊炎 由于关节炎,引起关节肿痛,跛行,好躺卧,严重者导致关节硬化和关节变形,行走困难。

【病理变化】 剖检见母貂有化脓性或卡他性阴道炎、子宫内膜炎、输卵管炎、卵巢炎、间质性乳腺炎,在子宫内膜深层常见到多量的灰黄色针头大至粟米大的结节。胎衣呈黄色胶样浸润,间有出血斑点,全部或部分绒毛叶(子叶)充血、肿胀,覆盖有黄色或褐色纤维素性絮状物。胎儿呈败血症变化,胃、肠、膀胱粘膜、浆膜有出血点。胸腔、腹腔、胃内有纤维素性絮状物。肝、脾略肿大,有坏死灶。淋巴结肿大,肺有支气管肺炎。公貂有化脓性睾丸炎和附睾炎以及阴茎炎,切开睾丸和附睾见化脓性坏死灶,严重者整个睾丸坏死。

【实验室检查】

1. 细菌学检查 病狸生前采取奶汁、精液、阴道分泌物等;剖检取淋巴结、肝、脾、肾、子宫、睾丸、附睾等;流产胎儿取胎盘、胃、肝、脾、肺等,作细菌学检查,以肺和胃检出机会较多。将上述病料涂片,用沙黄美蓝鉴别染色法染色,镜检发现红色球杆状小杆菌时,可以确诊。

分离培养取新鲜病料接种于选择培养基(加入 1/20 万～70 万的结晶紫)上,培养 8～15 天,可见菌落生长。挑选菌落作进一步鉴定。如果所取的病料含病原菌较少,可以先接种豚鼠,再从豚鼠体内分离细菌。

2. 动物接种 取新鲜病料悬液 0.3～0.8 毫升,注射于无特异抗体豚鼠的腹腔中。接种后 14～21 天采心血做凝集试验。在接种后 20～30 天扑杀,取肝、脾和淋巴结做分离培养鉴定等。

3. 血清学试验 常用平板凝集试验、试管凝集试验和补体结合反应进行检查。

【防　治】 狸场最好是自繁自养,若要补充种狸,应严格检疫。

1. 定期检疫 疫区需 1 年检疫 2 次,将阳性狸隔离、淘汰,阴性群及时注射疫苗。

2. 定期消毒 消毒工作要形成制度,母狸产前、产后消毒狸舍,平时要坚持定期消毒狸舍及环境。

3. 预防接种 接种羊型 5 号布氏杆菌弱毒菌苗,能使狸群得到免疫。亦可采用喷雾法接种。病区每年接种 1 次。

4. 培育健康狸群 检疫阳性率高的狸场,采用人工授精和人工哺乳的方法培育健康种狸,用健康种狸繁殖后代,形成健康狸群,逐步淘汰病狸。

5. 及时隔离 一旦发现本病,应及时隔离,防止扩大传播。果子狸患布氏杆菌病,目前尚无特效疗法。一般不做治疗,而是将病狸淘汰。

6. 注意公共卫生 本病很易感染人,饲养管理人员、兽医人员应定期进行免疫接种。

(五)结 核 病

结核病是由结核分枝杆菌引起的野生动物、家畜、家禽和人共患的慢性传染病。本病的病理特点是,在多种组织、器官形成结核性肉芽肿(结核结节),继而结节中心呈干酪样坏死或钙化。

【病　原】 结核分枝杆菌分为牛型、人型和禽型。在形态上,三个型没有很大区别,都为平直或稍弯曲的长杆菌,长为1.5～5微米,宽为0.2～0.5微米。在培养基上的陈旧菌落和干酪样钙化灶中分离到的为分枝状杆菌,故称之为结核分枝杆菌。本菌无荚膜,不形成芽胞,无鞭毛,不能运动,革兰氏染色阳性。形态上牛型菌比人型菌粗短,染色不均。人型菌比较纤细、短小,略弯曲。禽型菌在三型中最小、最短,具有多形性。菌体表面含有脂质,一般染色液染不上,必须用抗酸染色法染色,菌体才能被染成红色。常用的是妻-纳二氏(Ziehl-Neelsen)染色法。

本菌为严格需氧菌,对 pH 值的要求各型不同,牛型为5.9～6.9,人型为 7.4～8,禽型为 7.2。培养最适宜温度为37℃～38℃。初代培养生长缓慢,经10～14 天才能长出菌落。在培养基中加甘油、全蛋或蛋白、蛋黄,能促进其生长。所以说本菌生长离不了蛋。

本菌在细胞壁中含有丰富的脂类,对不良环境的抵抗力比较强,特别对干燥、湿冷环境具有较强的抵抗力,在水中能存活 5 个月,在土壤中能存活 7 个月。对消毒药的抵抗力较强,常用消毒药经 4 小时方可被杀死,在 70%酒精或 10%漂白粉液中很快死亡。对温度敏感,60℃湿热 30 分钟被杀死。对青霉素和磺胺类药物不敏感,比较敏感的药物是链霉素、异烟肼(雷米封)、对氨水杨酸和环丝氨酸等。

【流行病学】　本病的感染范围很广,包括果子狸在内有 50 余种哺乳动物。几乎所有的鸟类对禽结核分枝杆菌均易感,人及家畜和多种野生哺乳动物对禽结核分枝杆菌也易感。

患病动物和人的粪、尿、乳汁、痰液等都会带菌,可通过被污染的饲料、饮水、食物、空气而散播传染。感染途径主要为呼吸道、消化道;其次是生殖道,可通过交配而感染。皮肤接触也有可能被感染。

本病的发生无明显的季节性和地区性,多为散发。不良的外界环境、饲养管理不当、果子狸营养不良或患有其他疾病,可促进本病的发生和加重病情。

【临床症状】　本病通常取慢性经过,病初症状不明显,患病较久,症状逐渐显露。由于病灶所在器官不同,症状也不一致。最常见的是肺结核、乳房结核、淋巴结核,有时可见到肠结核、生殖器官结核、脑结核、浆膜结核及全身结核。

1. 肺结核　主要症状是长期顽固性咳嗽。先干咳,后湿咳,呼吸困难,肺部听诊有摩擦音,体表淋巴结肿大,食欲下降,进行性消瘦。

2. 乳房结核　病初乳房上淋巴结(腹股沟浅淋巴结)肿大,继而在后二乳区发生局限性或弥漫性硬结节,无热无痛,泌乳量减少,乳汁变稀薄,严重者泌乳停止。

3. 肠结核　其主要特征是便秘和腹泻交替出现,或呈持续性腹泻。病程较长,可达数月至 1 年之久,严重者形成恶病质,最后死亡。

【病理变化】 结核病的病灶单位称为结节。不论什么动物病理变化均有结核结节。结核结节的形态,初期粟米大,呈灰白色半透明,坚实;后期结节增大,多数呈散在性或互相融合形成较大的集合性结核结节。大小不一,有的黄豆大或胡桃大。切开后可见结节中心有干酪样坏死或化脓,有的钙化,切割有砂砾感,有的坏死组织溶解排出后形成空洞。出现这种结核结节的部位多见于肺、胸膜、腹膜、肝、脾、肾、肠、子宫、乳房等部位。组织学检查见结节有 3 层:中心层为干酪样坏死或钙盐沉着。中间层为上皮样细胞和多核细胞构成的特异性肉芽组织。外层由纤维细胞和淋巴细胞构成的非特异性肉芽组织。

【实验室检查】

1. 病料采取及处理 可采取结核病灶、呼吸道分泌物、脓汁、乳汁、精液、尿液、粪便等样品,用于镜检或病菌分离培养。检验前应对样品作集菌处理。

2. 镜检 取经集菌处理的病料涂片,做抗酸染色,镜检,见呈红色、平直或弯曲的细杆菌,为结核杆菌,其他细菌为蓝色。

3. 分离培养 劳文斯坦-钱森二氏培养基是初次分离常用的培养基。禽型结核杆菌生长较快,14～21 天可生长好,菌落光滑、湿润、丰盛、灰黄色;人型结核菌生长较慢,需要 14～28 天才生长好,菌落干而粗糙,沙粒状或疣状;牛型结核菌生长更慢,需培养 21～42 天,菌落较人型菌小。结核杆菌培养方法很多,常用的有 5% 甘油肉汤、5% 甘油琼脂、5% 甘油马铃薯等。

4. 生化试验 常以中性红试验、触酶活性测定、烟酸反应及硝酸盐反应来作致病性结核杆菌的分型(表 11-1)。

表 11-1　致病性结核分枝杆菌的生化鉴别

菌　　　型	中性红试验	触酶活性 (68℃)	烟酸反应	硝酸盐反应
人型结核分枝杆菌	+	-	+	+
牛型结核分枝杆菌	+	-	-	-
禽型结核分枝杆菌	+	+	-	-

5. 动物接种试验　将经集菌处理的病料悬液注射于豚鼠皮下,每只 1～1.5 毫升,每份病料接种 2～3 只豚鼠,如果病料中含有结核杆菌,豚鼠在接种后 14 天产生变态反应抗体,接种后 21～28 天,用 1:20 的三型结核菌素各 0.1 毫升,分别注射于豚鼠皮内。若豚鼠感染牛型结核分枝杆菌,则注射牛型结核菌素的部位出现明显的红肿反应,经 72 小时不消退,而注射人型结核菌素和禽型结核菌素的部位只产生轻微反应,持续 24～48 小时消失。若豚鼠感染禽型结核分枝杆菌,则对禽型结核菌素反应强烈,而对其他两种结核菌素反应轻微或不反应。若豚鼠感染人型结核分枝杆菌,则对人型结核菌素发生强烈反应。通过此检查可以区别致病菌类型。

接种后经过 4～6 周未死亡的豚鼠可扑杀观察病理变化。如果感染牛型或人型结核分枝杆菌,则肝、脾、淋巴结出现结核病灶,后期肺也出现病灶,肾不出现病灶。如果是感染禽型结核分枝杆菌,在注射部位及其附近形成脓肿和淋巴结结核结节。

动物接种试验最好将病料同时接种家兔、豚鼠、鸡,通过感染情况对比,也可区别结核分枝杆菌的类型(表 11-2)。

表 11-2 结核病料接种家兔、豚鼠、鸡的感染情况

试验动物	牛型结核分枝杆菌	人型结核分枝杆菌	禽型结核分枝杆菌
家 兔	+++	-	+++
豚 鼠	+++	+++	-
鸡	-	-	+++

6. 结核菌素试验 本试验可直接用于患结核病或可疑结核病的果子狸检查,具有重要的诊断价值。试验可采用皮内注射,或皮内注射与点眼同时进行。

【防　治】 隔离治疗,可用链霉素、异烟肼、对氨基水杨酸钠、维生素及环丝氨酸等药物,亦可试用喹诺酮类药物治疗。中草药亦有一定的疗效,如百部、白及、升麻、鱼腥草、白芷、紫花地丁、苍术、海浮石、泽泻等煎服,可连续服用。

对本病应积极采取下列预防措施:

1. 定期检疫 春、秋两季各检疫 1 次,阳性病狸及时淘汰,阴性狸群进行菌苗接种。

2. 加强饲养管理 严格执行卫生防疫制度,狸群不要过密,狸舍保持通风干燥,供给充足的营养物质,以提高狸群的健康水平。

3. 严格消毒 在生产区出口处设消毒池,饲养用具、狸舍、活动场地等,用 5% 来苏儿或克辽林,3%～5% 的石炭酸溶液、20% 漂白粉、卫康、菌毒杀星等进行严格消毒。

4. 建立健康狸群 培育健康仔狸,仔狸出生后就隔开母狸,进行人工哺乳。定期检疫,阳性者淘汰,阴性者专门培育,逐步建立健康狸群。

(六)李氏杆菌病

李氏杆菌病是由单核细胞增多性李氏杆菌引起的多种野生动物、家畜、家禽及人的散发性传染病。以脑膜炎、败血症、流产、坏死性肝炎和心肌炎及血液中单核细胞增多为特征。

【病　原】 单核细胞增多性李氏杆菌是革兰氏阳性小杆菌。在抹片中多单在或两个菌排成"V"字形,或相互并列,或几个菌体聚集成小堆。无荚膜、不产生芽胞、有鞭毛、能运动。本菌为兼性厌氧菌,在22℃～37℃温度中生长良好,在4℃下也能缓慢生长,故利用低温培养法,可从病料中分离本菌。本菌对外界环境的抵抗力较强,在土壤、粪便中能存活数月,对碱和食盐有较强的耐受力。对青霉素有抵抗力,对链霉素敏感,但易形成耐药性。

【流行病学】 本病的易感动物很广。多种野生动物、家畜、家禽对本病都易感,狐、貂、毛丝鼠、海狸鼠、果子狸、兔、犬、猫等均易感。鸟类中的金丝雀、松鸟、鹩鸽、鹰和鹦鹉等易感。实验动物中豚鼠、小白鼠很敏感。患病动物和隐性带菌动物是本病的主要传染来源。它们的排泄物、分泌物中含有大量的李氏杆菌,污染饲料和饮水,引起本病传播。健康动物可通过消化道、呼吸道、眼结膜和损伤的皮肤而感染。

本病无明显的季节性,多为散发,发病率低,死亡率高。

【临床症状】 潜伏期2～8天。病狸多以中枢神经系统功能紊乱和败血症状为主。初期病狸体温升高到40℃以上,精神委靡,食欲减少或废绝,呆立,口吐白沫,流鼻涕,继而出现间歇性神经症状,头颈弯向一侧,共济失调或后躯麻痹。妊娠母狸发生流产。血液中单核白细胞增多。

【病理变化】 剖检见急性病例常为败血症变化,肝、脾肿大,表面有坏死灶。心脏有纤维素性心包炎。胸腔、腹腔积液,肺水肿,胃肠有出血点,肠系膜淋巴结肿大。有神经症状的病例,脑和脑膜充血、出血或水肿,脑脊髓液增多,脑实质软化,血管周围有单核细胞浸润。

【实验室检查】

1. 镜检　用新鲜病料涂片,染色,镜检,如发现有前述形态的小杆菌,可作出初步诊断。

2. 分离培养　本菌在普通培养基上能够生长,在含有血液、葡萄糖的培养基上生长更好。用新鲜病料接种于血液琼脂平板培养基上,可形成细小、透明、露滴样菌落,并有 β 溶血。在含有 0.1%亚硝酸钾培养基上菌落呈黑色,边缘发绿。

3. 生化试验　本菌与猪丹毒杆菌有些相似(如菌落形态、革兰氏染色阳性、生长需求等)之处,应注意在生化试验结果上的区别。

4. 动物试验　将新鲜病料制成悬液,经脑内、腹腔或静脉接种于家兔、小鼠、幼豚鼠和幼鸽,可发生败血症而死亡。也可以用病料悬液或纯培养物点眼,1～2 天后,实验动物可出现顽固性角膜炎,之后出现败血症而死亡。妊娠 14 天的果子狸常发生流产。

5. 血清学试验　由于本菌与多种细菌有抗原交叉,因此,血清学诊断对本病没有实用意义。

【防　治】　各种抗生素和磺胺类药物对李氏杆菌病都有治疗作用。早期使用大剂量抗菌药物治疗,有较好的疗效;如果治疗较晚,病狸出现神经症状后,治疗难以见效。在发病的狸场应对健康狸使用抗菌药物做预防性治疗。

在预防方面,首先要做好平时的卫生防疫工作,加强饲养管理,保持狸舍清洁,定期进行消毒和灭鼠。不要从本病疫区引进种狸。要引种也需经过严格检疫和隔离观察,确实无病时,方可放入健狸群。

(七)葡萄球菌病

本病为果子狸的常见疫病。是由致病性金黄色葡萄球菌引起的以化脓性炎症和脓毒败血症为特征的人和动物共患传染病。

【病　原】 致病性金黄色葡萄球菌为圆形或卵圆形、呈葡萄状排列的球菌,直径 0.7～1 微米,不产生芽胞,无鞭毛,不能运动,革兰氏染色阳性。

本菌在普通培养基上生长良好,在加有血液、血清、葡萄糖的培养基上生长更好。有氧条件下生长迅速,如在培养环境中将二氧化碳浓度增加 20%～30%,可产生大量的毒素。生长最适温度为 37℃,最适 pH 值为 7.4,在普通琼脂平板培养基上形成湿润、光滑、隆起的圆形菌落。菌落直径 1～2 毫米,有时达 4～5 毫米。菌落的颜色初为灰白色,后呈金黄色或柠檬色。不同菌株的菌落颜色也不尽相同。在血液琼脂平板培养基上,菌落较大,有些致病株有明显的溶血圈,此菌株在果子狸病例中较多见。在普通肉汤培养基中生长迅速,肉汤初出现混浊,后管底有少量沉淀,培养 2～3 天后形成很薄的菌环,在管底形成多量粘稠沉淀。

本菌抵抗力较强,在干燥脓汁或血液中可存活数月,在80℃下 30 分钟方能将其杀死,煮沸很快死亡。3%～5%石炭酸 3～15 分钟能杀死,消毒效果较好,75%酒精数分钟内被杀死。

许多菌株能产生毒素和酶,如溶血素、杀白细胞素、肠毒素、凝固酶、溶纤蛋白酶、脱氧核糖核酸酶、卵磷脂酶、蛋白酶、磷酸酶和脂酶等。

【流行病学】 许多野生动物能被感染,实验动物中豚鼠、小白鼠也可感染发病。金黄色葡萄球菌在自然界分布很广,空气、饲料、饮水、土壤、物体表面均附有本菌,动物的皮肤、粘膜、肠道、扁桃体和乳房等处也有寄生,经过损伤的皮肤、粘膜、毛囊腺或吸入本菌污染的飞沫、仔兽食入含本菌的乳汁即可发生感染。环境条件急剧改变或环境条件差,都利于本病的发生。新从野外捕捉的果子狸,初入舍驯养时,由于机体缺少对该菌的免疫力,极易发生本病。

【临床症状】 依感染的部位和细菌在体内的扩散情况,在临床上有多种病型,常见的有如下几种:

1. 仔狸脓毒败血症型 经脐带感染。2～3天后在多处皮肤上出现粟粒大脓肿,并迅速扩散,多在2～5天内发生败血症而死亡。

2. 仔狸急性肠炎型 由于仔狸吃了含葡萄球菌乳汁而感染,一般全窝仔狸都发病。发病仔狸排腥臭稀粪,2～3天死亡,病死率很高。

3. 脓肿型 多见于成年狸。脓肿可发生于任何器官。如脓肿位于皮下,病狸一般无全身症状,病灶部位初红肿、质硬,以后变为有波动的脓肿,大小不等,数量不一。皮下脓肿经1～2月自行破溃,流出脓汁,破溃口经久不愈,且能扩散到别的部位。若脓肿位于内脏器官,其功能就会受到影响,引起相应的临床症状。当脓肿破溃,病菌可通过血流在新的部位形成转移性脓肿,继而发生脓毒败血症,病狸迅速死亡。

4. 乳房炎型 本病大多数在母狸分娩后不久出现。由于乳头外伤而感染。病狸乳房发热、红肿,呈紫红色或紫蓝色,体温升高,不安,并拒绝仔狸吮乳。转为慢性时,全身症状不明显,局部可形成脓肿。

5. 脚皮炎型　常见于后肢跖区侧面皮肤,初出现红肿、脱毛,逐渐形成溃疡,经常出血,久不愈合。病貉后肢触地疼痛,不敢移动,小心换脚休息。食欲不振,消瘦。严重时可转为脓毒败血症,出现全身症状,很快死亡。

【**实验室检查**】　细菌学检查是确诊本病的主要方法。此外,为了选择最有效的治疗药物,需要分离出葡萄球菌,进行药敏试验。

1. 标本采取　取病死貉尸体的皮下渗出液、肝、脾和关节肿胀部的液体等病料。

2. 细菌分离　葡萄球菌的生长要求条件不苛刻,普通琼脂培养基或 5‰绵羊血液琼脂平板培养基,都可用于分离培养。接种后在 37℃下培养 24 小时,即出现生长良好的菌落。

3. 细菌鉴定　用病料直接涂片,染色,镜检,或以分离的单个菌落涂片,染色,镜检,可见革兰氏阳性、呈葡萄球状排列的球菌(少数出现单一,成双或短链排列)。病料在血液琼脂平板培养基上培养 24 小时后,出现橘黄、黄或白色的菌落,菌落较大,直径 1.5 毫米,圆形,光滑,呈奶油状。肉汤培养呈均匀混浊生长,不形成菌膜和菌环,底部有少量白色沉淀物。由此可初步判定为葡萄球菌。若要进一步确定其致病性还需做生化及致病性试验。

【**防　治**】　作者从病貉中分离出葡萄球菌进行抑菌试验,其结果是:沙拉沙星、甲磺酸达氟沙星、氧氟沙星、头孢拉定、甲磺酸培氟沙星等均为极敏药物,用于临床治疗效果较好。

由于本病康复后不产生明显的免疫力,可再度感染,所以预防本病,应从加强饲养管理和做好日常的卫生工作着手,防止发生外伤,以防本病的发生和流行。

(八)链球菌病

链球菌病主要由β型溶血性链球菌引起的一种人、兽共患传染病。本病呈急性经过时,内脏及其粘膜、浆膜发生出血性炎症。慢性经过时,常并发关节炎和各脏器形成转移性脓肿。

【病　原】　本病原链球菌为长短不一,呈链状排列的球形或卵圆形、革兰氏阳性菌,不形成芽胞,无鞭毛,不能运动。本菌对培养条件要求严格。初次分离或纯培养物继代时应使用含血液或血清的培养基,在 pH 值 6.8~7.4,温度 37℃,有氧和无氧条件下均能生长。链球菌菌落多为细小露滴状、透明、发亮、灰白色、光滑、圆而微凸、边缘整齐的菌落。

【流行病学】　本病对猪、羊、牛、马、兔、狗、鸡、鸭、鹅及水貂、黑貂、北极狐、果子狸等均有不同程度的易感性。传染来源主要是病兽、带菌的动物以及带菌的人。主要经消化道、呼吸道及皮肤、粘膜损伤处而感染。本病一年四季均可发生,以5~11月份较多发,尤以秋季发生最多。

【临床症状】　本病潜伏期2~3天。根据临床症状和病程长短可分为最急性型、急性败血型、慢性关节型和脑炎型。最急性型未见任何异常而突然倒毙,原吃食正常,第二天早晨即发现死在笼里。急性败血型在发病初期多见。常突然发病,体温升高至 41℃~42℃,在体温升高的同时,病狸精神沉郁,食欲废绝,步态不稳等。还伴有肺炎症状,呼吸迫促,有啰音,呈犬坐姿势,间有咳嗽,鼻孔流出浆液性鼻汁,嘴边流出混有泡沫的液体。病的后期全身皮肤,尤其是鼻端、耳尖、腹下、四肢下端等部位出现紫红色出血斑块。有神经症状,多见于哺乳期仔狸和断奶后的小狸,有时也见于成年狸。运动失调,歪头,转圈或无目的地横冲直撞,遇到障碍物用头抵住不动或突然倒地,口吐白沫,四肢做游泳动作,死前呈角弓反张,不时鸣叫。

慢性关节型由 E 群链球菌引起的,多见于流行的中后期,有部分病狸出现多发性关节炎,关节肿大、跛行或跪行,或卧地不起。

【病理变化】　剖检见胸腹下及四肢内侧、吻突、耳尖等处皮肤呈蓝紫色,少数病例颈、背部皮肤潮红如刮痧状。脏器广泛出血有典型的败血症变化。喉头及气管充血、出血,有大量的气泡。肺水肿、充血、出血。心内膜有出血块,心包积液,呈淡黄色,少数有纤维素性心包炎。病程较长的病例可见到纤维素性胸膜炎和腹膜炎。肾淤血、肿大,呈暗红色。肠粘膜弥漫性充血、出血,呈暗红色,肠臌气。肝、脾肿大,为正常的 1～3 倍,呈暗红色或紫红色,质软而脆,部分病例脾有出血性梗死。脑膜充血、出血,有少数病例脑膜下充满积液,脑的切面可见明显的点状出血。脑脊髓也有同样的变化。多数病例关节肿大,切开关节囊有黄色胶冻样液体,关节面粗糙,有点状、片点或条纹状出血,包囊壁增厚,形成很厚的包囊。

【实验室检查】

1. 镜检　根据不同的病型,采用不同部位的病料。可采用病狸的肝、脾、肾、血液、淋巴结、肺、脑、关节囊液、胸水、腹腔积液等做涂片,用革兰氏染色法染色,镜检可见革兰氏阳性菌,单个或成双排列,偶尔有短链或长链排列的,以呈双排列的占多数。应注意与双球菌、巴氏杆菌相区别。

2. 分离培养　取病料接种于血液琼脂、10％血清肉汤、普通肉汤培养基上,在 37℃ 下培养 24 小时后,进行观察。见

10％血清肉汤培养基透亮,管底有多量白色絮状沉淀物,涂片镜检,见排列成长度不等的菌链。在10％血液琼脂培养基上生长发育良好,菌落细小、灰白色、半透明或不透明、表面光滑、有光泽,呈圆形突起。多数菌落有β型溶血。

3. 生化反应　生化反应试验,有一定的参考价值。本菌能分解乳糖、蔗糖、蕈糖、水杨苷,不分解棉实糖、菊糖、山梨醇、液化明胶,不能在0.1％美蓝牛奶中生长,能在pH值9.6的肉汤和6.5％氯化钠肉汤培养基上生长。

4. 动物接种　取病狸肝、脾、脑和血液制成的1：10悬液或培养物注射于家兔、小白鼠的腹腔或皮下,各接种2只。家兔注射0.5～1毫升,接种后家兔于72小时死亡。小白鼠皮下注射0.1～0.2毫升,于接种后15～56小时死亡。将死亡的家兔、小白鼠剖检取肝、脾组织,触片镜检,均见排列一致的链球菌。

【防　治】　平时注意饲养管理,狸舍避免拥挤和过寒或过热,定期进行消毒。在本病多发季节前应用抗菌药物预防。平时做好免疫接种工作。

发现病狸立即隔离治疗。对败血型病例可用青霉素、氨苄青霉素、卡那霉素、庆大霉素、恩诺沙星、氯霉素及磺胺类药物治疗,疗效较好。对脑炎型病例,应用氯丙嗪0.5～1毫克/千克体重肌注,每日2次,配合用安乃近、青霉素治疗,直到症状消失。对关节炎型病例,用青霉素与链霉素混合在一起,注射到发病的关节囊内,有较好的疗效。从发病果子狸中分离纯链球菌,用甲醛灭活,制成链球菌死菌菌苗,进行免疫接种,对预防本病有较好的效果。

六、果子狸寄生虫病的防治

(一)蛔虫病

蛔虫病是果子狸比较容易感染的寄生虫病之一,特别是饲养于泥土和木质地板笼舍内的,其感染率相当高。临床上以消化障碍、消瘦及生长发育迟缓为特征,严重的可引起死亡。

【病　原】　感染果子狸的蛔虫主要是弓首蛔虫,寄生于小肠和胃内。弓首蛔虫有雌、雄之分。雄弓首蛔虫体长约5～8厘米,尾端弯曲,尾尖端有1对交合刺。雌弓首蛔虫体长7～8厘米,阴门位于虫体前端1/4处。卵有壳,表面有小麻点,长60～65微米。

弓首蛔虫虫卵随着宿主的粪便排出体外,在适当条件下经45～50天发育为感染性虫卵。感染性蛔虫卵随着被污染的饲料、饮水进入宿主肠内。孵出幼虫后从小肠内逸出,移行至肠壁血管,随血液循环至肺,进入呼吸道,沿支气管、气管到口腔,再咽下至胃、小肠,再经过3～4周在小肠内发育成成虫。一部分幼虫移行到肺以后,经毛细血管进入大循环,随血流被带入其他脏器和组织,形成包囊,不能转变为成虫。带有包囊的脏器被其他肉食动物吞食后,仍可发育为成虫。

弓首蛔虫幼虫也可以经胎盘感染胎儿,寄生于胎儿血液中,仔狸出生后,幼虫从仔狸肠壁进入消化道。

【临床症状】　幼狸感染蛔虫后,发育不良,生长迟缓,腹部膨大,被毛粗乱,有的仔狸出现颈细腹大,腹部下垂,有时呕吐、腹泻,或先腹泻后便秘,严重者出现贫血及神经症状。蛔虫幼虫移行时会引起腹膜炎、败血症、肝脏损害和异物性肺炎。

【诊　断】　根据临床症状、笼舍卫生状况、检查粪便，检查有无蛔虫体和蛔虫卵，即可确诊。

【防　治】

1. 药物治疗　①四氯乙烯，1月龄1次内服0.1毫升，2月龄内服0.3毫升，3月龄内服0.65毫升，成年狸内服0.7毫升，投药4～6小时后，可投服油类泻剂，增强驱虫效力。②枸橼酸乙胺嗪(海群生)，剂量为口服50～100毫克/千克体重。③盐酸左旋咪唑，一般按10毫克/千克体重1次投服。④四咪唑(驱虫净)，按5～10毫克/千克体重投服。⑤香黎油(土荆芥油)和蓖麻油，一般用于仔狸，用香黎油和蓖麻油按1∶9配合，1月龄服5毫升，2月龄服10毫升，3月龄服15毫升。

2. 预防　①注意环境、食具、食物的清洁卫生，及时清除粪便。②定期驱虫，种狸每年在6～7月份和11～12月份进行2次驱虫；商品狸一生只驱虫1次，一般于30～40日龄时进行。

(二)钩 虫 病

钩虫病是由犬钩虫和狭头弯口钩虫寄生于果子狸的小肠而引起的寄生虫病。临床上以食欲不振，渐进性消瘦、呕吐、腹泻及便秘为特征。钩虫病发生甚广，多发生于热带地区，在我国西北、华东和中南等温暖地区也广泛流行。本病为人、兽共患疾病。

【病　原】　犬钩虫的成虫为黄白色小型线虫，头偏稍弯向背面，具有发达的口囊，前缘腹部有3对排列对称的齿，其大小从内向外逐渐增大，其齿向内呈钩状弯曲。雄虫长9～12毫米，交合伞各叶及腹肋排列整齐对称，两根交合刺等长。雌虫长 10～21 毫米,阴门开口于虫体后 1/3 前部,尾端尖锐呈细刺状。卵长 63～75 微米,宽 43～47 微米,呈钝椭圆形,无色,内含 4～8 个分裂细胞,甚至更多。

狭头弯口钩虫体为淡黄色,两端稍细,口弯向背面,口囊发达,其腹面前缘两侧各有 1 片半肌状切板。雄虫长 8～11 毫米,交合伞各叶与腹肋对称,两根交合刺等长,末端尖锐。雌虫长 8～15 毫米,尾端尖锐呈细刺状。虫卵与犬钩虫卵相似。

虫卵随粪便排出体外,在适宜温度和湿度下,经 12～30 小时孵出幼虫,再经 1 周发育成感染性幼虫。其感染途径有三条:一是感染性幼虫经口腔进入肠道内,发育为成虫,此途径较多见。二是感染性幼虫经皮肤、粘膜侵入静脉,进入外周血液,随血流至右心,再随小循环而到达肺脏,经呼吸道、喉头、咽部、食管、胃进入小肠,定居发育为成虫。三是经胎盘感染,幼虫移行至肺静脉,经体循环进入胎盘,从而使胎儿感染,此途径较少见。弯头线虫以经口感染为主,幼虫移行一般不经肺。

【临床症状】 幼虫移行阶段,一般不出现症状。肠内寄生期,出现肠炎症状,病狸精神沉郁,食欲不振,贫血,结膜苍白,呕吐,有异嗜。前期便秘,后期腹泻,甚至粪便中带血。白细胞总数增多,嗜酸性白细胞增多。被毛粗乱、无光泽、易脱落。由于幼虫钻入皮肤可引起皮肤瘙痒、发炎,甚至出现继发性细菌感染。在临床上,钩虫病大都呈慢性过程,很少有直接死于急性钩虫病的。

【诊　断】 根据临床症状,如贫血、粪便带血、肠炎;粪便用漂浮法检查虫卵;解剖尸体,在小肠内,可见到大量钩虫体,据此即可确诊。

【防　治】 定期进行粪便检查,发现钩虫卵时应进行驱虫。驱虫一般使用二碘硝基酚、左旋咪唑、甲苯咪唑、双羟萘酸噻嘧啶(抗虫灵)。药物使用前需经过试验,掌握安全可靠的剂量后,方可进行批量驱虫。对症状明显的病狸可进行对症治疗。

在预防上应注意人、畜粪便的处理,因为人、畜粪便中排出的钩虫卵和孵出的感染性幼虫,是人、兽感染钩虫病的惟一来源。可用火焰或蒸气杀死动物经常活动地方的虫卵和幼虫。

(三)螨虫病

螨虫病又名疥癣,是各种螨虫寄生于果子狸皮肤所引起的慢性寄生虫病。临床上以剧痒、湿疹性皮炎、脱毛,患部逐渐向周围扩展为特征。该病广泛分布在世界各地,无论是家畜、野生动物、禽类和人都能感染本病。于冬季和秋末、春初多发。

【病　原】　螨虫有 2 种:一是穿孔疥虫,也叫疥螨;二是吸吮疥虫,也叫痒螨。感染果子狸的主要是痒螨。

疥螨虫体很小,呈灰白色或黄白色,略似龟形,头、胸、腹区分不明显,体表坚韧,有一些刚毛、刺和鳞片样构造。虫体前端有一咀嚼式或刺吸式口器。腹部有四对圆锥形肢。雄疥螨的体形小于雌虫,数目比雌虫多。痒螨雄虫后端有 1 对尾突,其前方有 2 个复合吸盘。虫卵灰白色,椭圆形,卵内含有不均匀的卵胚或已形成的幼虫。

螨虫的发育需经卵、幼虫、若虫、成虫四个阶段,完成全过程需 2～3 周。疥螨离开宿主后,在适当的温度和湿度下,能够生活一段时间。痒螨虫体角质表皮较坚硬,在狸舍内可生存 2 个月以上。

螨虫病由直接或间接接触引起感染。若工作上不注意,饲养员也可成为病原的传播者。

【临床症状】 由于螨虫寄生于中耳及全身皮肤引起剧烈瘙痒。瘙痒时患狸在笼舍内各物体上用力摩擦或不停地啃咬患部,使患部炎症和损伤加重,被毛脱落,皮肤结痂、增厚。患狸烦躁不安,影响采食和休息,降低了胃肠消化、吸收功能,导致形体消瘦。

【诊 断】 根据临床症状和发病季节确诊并不困难。症状不明显时,可取患部皮肤上的痂皮,放在黑色纸上,加热至30℃~40℃,螨虫便爬出来,肉眼可见到小白点似的螨虫,用显微镜观察更好。据此即可确诊。

【防 治】 本病可采用药物治疗。常用的方法有:①药浴。用杀螨剂进行药浴,如杀螨灵、螨虱灵,根据推荐用量药浴。1周后再重复1次。②去痂涂药。患部有较厚的痂皮,需剪毛,用镊子小心去掉痂,用20%来苏儿溶液刷洗,擦干后再涂药。治耳壳内的螨虫可滴入10~20滴加热30℃左右的3%~5%的滴滴涕乳油,用手轻轻按摩。操作时要防止果子狸咬手。③药物喷洒。对同群果子狸及窝舍用杀螨剂喷洒。④隔离病狸,重复用药。治疗疥癣的药物,大多数对疥虫的虫卵没有杀灭作用,必须隔间5~7天,再涂药2~3次,以杀死新孵出的幼虫,使之彻底治愈。

预防本病需注意笼舍清洁卫生,在发病季节应每月喷洒1次杀螨虫药物。发现病狸,应立即隔离。

七、果子狸普通病的防治

(一)维生素缺乏症

驯养果子狸,若饲料配合不合理,饲料中长期缺乏维生素,便可发生维生素缺乏症。常见的有维生素 A 缺乏症和 B 族维生素缺乏症。

1. 维生素 A 缺乏症　本病是由于缺乏维生素 A 而引起的以视觉障碍、上皮完整性受损、骨骼形成不良为特征的营养性疾病。

【临床症状】　种狸缺乏维生素 A 时影响生殖功能。母狸发情延迟,常发生空怀,有时会造成流产。公狸活动减少,性功能减退,不能正常交配繁殖。幼狸缺乏维生素 A 会发生消化障碍,腹泻,进行性消瘦,全身衰弱及易感染犬瘟热、细小病毒病,有的可能出现脑发育不良、运动失调,眼睛出现典型的干眼病症状,目光暗淡、角膜混浊、夜盲,有的发展成浆液性或化脓性结膜炎。

【临床诊断】　典型的维生素 A 缺乏症,根据病史和临床症状便可作出初步诊断。轻度的病例诊断较难,必须参考病理损害特征、血浆和肝脏中维生素 A 的含量,还要对日粮进行仔细分析方能确诊。

【防　治】　在日粮配合时给狸群以足够维生素 A,维生素 A 的供给量以每日 100 单位/千克体重为宜。母狸在繁殖期应给予最低需要量的 5 倍维生素 A。对病狸治疗主要是口服维生素 A 胶囊,每天 400 单位/千克体重,1 天 1 次,连用 10 天。也可补给鱼肝油,每天 0.2～0.3 毫升/千克体重,连用 7～10 天,口服。

为了帮助维生素 A 的消化吸收,在饲料中加入适量的脂肪。维生素 A 制剂不能使用过量,否则,易引起维生素 A 中毒。

2. 维生素 B_1 缺乏症　本病由缺乏维生素 B_1 而引起,以多发性神经炎为特征,亦可出现心力衰竭等一系列变化。

【临床症状】 饲料中缺乏维生素 B_1 时,经 20～30 天病狸出现食欲不振,再经 7～10 天,症状加重,继而食欲废绝,四肢无力,全身萎弱。严重病例出现运动失调,不断尖叫,极度虚弱,体温下降,若未及时治疗,便会发生死亡。哺乳母狸发生多发性神经炎时,多因机体衰弱,出现痉挛而死亡。

【诊　断】 根据病史、临床症状、病变及日粮中维生素 B_1 水平的检测可作出诊断。

【防　治】 治疗病狸主要是补给维生素 B_1。对于急性病例,特别是有多发性神经炎伴有拒食、神经症状和胃分泌障碍的,可用维生素 B_1,每次 1～2 毫克,每天 1～2 次,肌内或皮下注射。也可内服氯化硫胺素,连服 10～15 天,每日 1～2 毫克,同时还应给予维生素 B_1 含量丰富的全价饲料。

预防本病的基本措施就是喂含维生素 B_1 丰富的饲料,一般每 100 克干物质中应含有 100～150 毫克维生素 B_1。日粮中谷物饲料越多,维生素 B_1 的需要补充量也越多。外界温度高、患发热性疾病及消化障碍性疾病时,都需增加维生素 B_1 的供应量。母狸怀孕期及哺乳期也应多喂酵母等含维生素 B_1 丰富的饲料,严禁饲喂酸败变质的饲料,保持饲料新鲜、卫生。

(二)佝偻病

佝偻病为幼狸的一种营养代谢病。是由于维生素 D 缺乏,钙和磷不足或比例不当,而使骨组织钙化不全、松软、变形,病狸生长发育迟缓及出现异嗜为特征的疾病。本病多发生于 3 个月以内及早期断奶的仔狸,特别是人工喂养仔狸时,日粮中缺乏无机盐、维生素 D 及蛋白质及仔狸患胃肠病时,易患此病。成年狸发生类似疾病叫骨软症。

【临床症状】 先天性佝偻病的临床特征为仔狸衰弱、不能站立、前肢骨骼弯曲、弓背,甚至不能吸乳。后天性佝偻病呈渐进性发展:首先表现兴奋、异嗜,喜啃墙壁、木头及其他污秽的异物。继而仔貍精神痴呆,消化机能减弱,食欲减退或废绝,逐渐消瘦,生长停滞,被毛粗乱。病貍喜躺卧,或拱腰凹背,步态强拘,有时出现全身强直性痉挛、关节肿大、头骨膨隆、骨质疏松、呼吸困难等。病貍抵抗力降低,容易发生合并症或全身衰弱、贫血,甚至死亡。

【诊　断】　根据年龄、管理水平、临床症状、慢性经过、生长迟缓、异嗜癖、运动困难和骨骼的变化特征,不难诊断。血清钙、磷水平也有诊断意义。

【防　治】　治疗主要是补充维生素 D 和钙、磷。可用如下方法防治:①静注 10%葡萄糖酸钙液 0.5～1 毫升/千克体重,1 天 2 次,连用 5～7 天。②肌注维生素胶性钙液 0.05～0.1 毫克/千克体重,1 天 1 次,连用 5～7 天。③口服碳酸钙 0.5～1 克/次,1 天 1 次。④口服维生素 D,400～600 单位/次,1 天 1 次,连用 7～10 天。⑤皮下或肌内注射鱼肝油(含维生素 D 800～1 000 单位)。

预防本病主要是喂给维生素 D 和磷、钙丰富的饲料,每日每只仔貍日粮中应有维生素 D 100 单位。常用骨粉补充钙、磷,日粮中的钙含量不得少于 0.5%,钙、磷比例以 1～2∶1为宜。

(三)胃 肠 炎

胃肠炎是胃肠表层粘膜及其深层组织的重剧性炎症过程。由于胃和肠的解剖结构和生理功能紧密相关,胃和肠的器质损伤和功能紊乱,常相互影响,使胃和肠的炎症同时发生或相继发生,特别是仔貍在出生后 30～40 天,即断奶期间,易患胃肠炎。在临床上胃肠炎有原发性和继发性两种。

【病　因】　原发性胃肠炎是由于饲养管理不当而引起。如饲料品质不良,饲料霉败,误食有毒植物或化学药品。笼舍地面潮湿、积水,果子狸身体被脏水、尿粪污染、舐食污染物。仔狸断奶后消化能力弱,胃肠分泌功能失调,机体抵抗力降低;肠道内正常菌群失调,更易造成本病的发生。继发性胃肠炎是由于各种病毒性及细菌性传染病,如细小病毒病、狸瘟热、大肠杆菌病等均有胃肠炎症状,寄生虫病、内科病、产科病都可继发胃肠炎。

【临床症状】　胃肠炎在病初表现为消化不良,继续发展则成出血性或溃疡性胃肠炎。患狸精神沉郁,食欲减退或废绝,眼结膜先潮红后黄染,口干臭,呕吐、腹泻,是胃肠炎的重要症状之一。排粪频繁,粪中含有血液、粘液和粘膜组织,甚至混有脓液,肛门周围及尾部被毛被粪便污染。病情加重,则有全身症状,体温上升至41℃以上,鼻镜干燥,眼球下陷,粘膜苍白,脱水严重,血液浓缩,尿量减少,如不及时治疗,可因脱水和自体中毒而死亡。狸发病常呈急性经过,往往突然成批发病,若治疗不当,则转为慢性病。

【病理变化】　剖检见肠内容物混有血液,恶臭,粘膜上有大小不同的糜烂灶和溃疡斑,粘膜下水肿,白细胞浸润。出血性胃肠炎胃肠粘膜有点状、条纹状出血,直肠内有煤焦油状粪便。慢性胃肠炎机体发育不良,消瘦,可视粘膜苍白。

【诊　断】　根据全身症状,如体温升高,食欲紊乱以及粪便含有病理性产物等,可作出诊断。进行流行病调查,血、粪常规检查,对单纯性胃肠炎、传染病、寄生虫病及中毒病继发的胃肠炎可作鉴别诊断。怀疑中毒时,应检查饲料及其他可疑物质。

【防　治】　对病狸要查明病因、去除病因,进行综合治疗。①清肠排毒,对腹泻、呕吐、拒食的病狸停喂1～2天,1次内服蓖麻油5～10毫升。②为制止炎症发展,若是细菌性胃肠炎,可口服磺胺脒,磺胺双甲基嘧啶或鞣酸蛋白等,再肌注硫酸阿米卡星(硫酸丁胺卡那霉素)1～2毫升,1天2次,连用3～5天,或肌注氯霉素30毫克/千克体重,维生素 B_{12} 0.025毫克/千克体重,每天2次。若是病毒性胃肠炎可肌注聚肌胞0.25毫克/千克体重,或病毒灵、维生素 B_1 25毫克/千克体重,每天2次。③有血便时,可静注5%葡萄糖溶液50毫升,为防止脱水和自身中毒,应及时静脉或皮下注射生理盐水、5%葡萄糖溶液50～100毫升,每天2次。这样治疗3～4天就能好转或治愈。④病初出现消化不良时,用稀盐酸2毫升,胃蛋白酶6毫升,清水100毫升,混合后口服,每日3～4次,每次1毫升。⑤还可以用下列处方:水杨酸苯酯(萨罗)、次硝酸铋各等份,混合为散剂,每次服0.05～0.1克。氟哌酸、金霉素、氯霉素等量混合,30日龄仔狸每次50毫克,60日龄以上仔狸每次100毫克,每天服2～3次。

对本病的预防,要做好以下几点:①饲料新鲜,不喂霉变腐败饲料。②加强饲养管理,搞好环境卫生,仔狸适时补饲。③饲料中加入金霉素或土霉素,有预防本病的作用。

(四)幼狸消化不良

幼狸消化不良为幼狸胃肠消化功能障碍的统称,是幼狸较为常见的疾病。临床特征是明显的消化功能障碍和不同程度的腹泻。本病具有群发的特点,一般不具传染性,应与细菌性腹泻区别。

【病　因】　引发此病的因素主要有如下几点:①妊娠母

狸、哺乳母狸及幼狸的饲料配合不合理,致使幼狸先天性发育不良或母乳营养不全。②幼狸护理不当,如风寒感冒、笼舍潮湿、卫生条件差等。③采食变质和有异味饲料。这些因素都会引起幼狸消化不良。

【临床症状】 幼狸消化不良的特征性症状是腹泻。病狸精神沉郁,食欲减少,甚至拒食,单纯性消化不良体温正常或偏低,粪便稀,有时混有未消化的饲料。至后期出现中毒性消化不良,体温升高,对刺激反应减弱,甚至全身震颤,严重腹泻,频排水样粪便,并含有大量粘液和血液,带恶臭或酸臭味,混有气泡和白色小凝块。持续性腹泻时,则肛门松弛,排粪失禁,皮肤弹性降低,甚至心音混浊,心跳加快,呼吸浅表疾速。

【病理变化】 消化不良死亡的病幼狸的尸体,异常消瘦,皮肤干燥,眼球深陷,尾根及肛门部位湿润,并有稀粪污染。胃肠道粘膜出血、潮红,轻度肿胀,表面覆有粘液。中毒性消化不良时,浆膜、粘膜出血,实质性器官脂肪样变性。

【诊　断】 幼狸消化不良,主要根据病史、临床症状作出诊断。必要时,可进行粪便检验,其结果可作为综合诊断参考。

【防　治】 应将病狸置于干燥、温暖、卫生的环境中。可采用如下方法治疗。①食饵疗法。可先令幼狸禁食 1 餐,口服补液盐水,或给予少量油类泻剂,清除胃肠道内容物;改变饲料配合,给予幼狸喜食、易消化的食物。②药物疗法。可用酵母片 0.3 克/片,复合维生素 10 毫克/片,1 天 2 片,连喂 3～5 天。为防止肠道感染,可用抗生素,如链霉素 0.1 克或氯霉素 0.125 克,肌内注射。也可用卡那霉素、土霉素及痢特灵等治疗。

（五）肠 便 秘

肠便秘是由于摄食了不易消化的食物、饮水不足,以及热性疾病等引起机体脱水及肠道弛缓,导致粪便在肠道内积滞、硬结,使肠管发生完全或不完全阻塞的急性、腹痛性疾病。

【临床症状】 病狸精神沉郁,不愿走动,食欲减退,甚至废食,常作排粪状,但只排出小颗粒粪球或无粪排出。因轻度腹痛而背部弓起,头缩尾垂。严重时伴有发热、寒战,眼结膜潮红,有分泌物,甚至呻吟不止。

【诊　断】 根据病史及粪便状况和腹痛现象不难确诊。

【防　治】 早期可应用少量镇痛剂,随后做通便、补液和强心治疗。在饲料中加喂数滴植物油及少量食盐。可用庆大霉素4万～8万单位,肌内注射,每天1次,连用2～3天;青霉素20万～30万单位肌注,每天2次,连用3天;内服果导糖片,每天1次,每次3片,连用3天;在饲料中加入人工盐15～10克;新斯的明0.5～1毫克,肌内注射;硫酸镁5～10克,蜂蜜5～15克,加多量水混合,1次内服;严重者用5%葡萄糖盐水50～100毫升,静脉输注,并根据病情用10%安钠咖1～2毫升皮下或肌内注射。另外,要加强饲养管理,注意多给饮水,饲喂流汁饲料及瓜果等饲料。

（六）肺　炎

肺炎为呼吸系统疾病中较为常见的疾病,是支气管和肺的急性或慢性炎症。肺炎根据病性和发生的部位可分为大叶性肺炎和支气管肺炎,果子狸以支气管肺炎较为常见。果子狸在气候骤变、寒冷刺激、空气污染、饲养管理失调使机体抵抗力降低时常引起感冒,进而发展为气管炎及支气管肺炎。此病仔狸发生率较高。犬瘟热、巴氏杆菌病等,均能伴发肺炎。

【临床症状】 病初,呈感冒及急性支气管炎症状,干咳,继之变为湿咳,听诊出现各种啰音,继而引发肺炎。病狸精神沉郁,不愿走动,躺卧,食欲不振或废绝,咳嗽加剧,流出浆液性或脓性鼻液,体温升至 40℃以上,鼻镜干燥,粘膜充血潮红,呼吸浅表而困难,肺部可听到干、湿啰音,心跳加快。病程10～15 天。若不及时治疗多以死亡告终。

【病理变化】 在病变支气管分支区的肺实质内,特别是在肺脏的前下部,呈 1 个或以 1 群肺小叶为单位的病灶,肺组织坚实、不含空气,初呈暗红色,以后呈灰红色,剪取病变肺组织投入水中即下沉。肺切面因病变程度不同,有各种不同的颜色,压挤时流出血性或浆性液体,在炎症病灶周围,几乎都可见到代偿性肺气肿。

【诊 断】 根据气候变化、临床症状、传染病发生情况及病理改变,可作出诊断。

【防 治】 抗菌消炎。根据致病原因和细菌种类而选择药物。可用硫酸阿米卡星(丁胺卡那霉素)2 毫升肌内注射,每天 2 次,连用 3 天;复方新诺明针剂 2 毫升,肺俞穴注射;也可以用头孢菌素按 10～15 毫克/千克体重或氨苄西林(氨苄青霉素)5～10 毫克/千克体重,或青霉素 G 钾盐 4 万单位/千克体重,静脉注射,并配合肌内注射丁胺卡那霉素或庆大霉素1～1.5 毫克/千克体重,每天 2 次,连用 3～5 天。

平时应注意搞好卫生,保持狸舍及活动场地干燥,冬季注意防寒保暖和狸舍内空气新鲜。饲喂营养全面的日粮,以增强其自身抵抗力,减少本病发生。

(七)外 伤

果子狸群居中,常会发生争斗厮咬,导致发生外伤。外伤若未及时发现并给予治疗,则会引起感染及化脓。

【临床症状】 ①新鲜创皮肉裂开、出血、疼痛及有组织器官的功能障碍,严重的患狸出现粘膜苍白、脉搏微弱、呼吸急促等全身症状。②感染创由新鲜创受病原微生物感染而引起,创面及其周围肿胀、增温、疼痛、化脓,有时有脓痂,若脓汁排出不畅,可发展为蜂窝组织炎,严重感染时,会引起全身性脓毒败血症,造成病狸死亡。

【治 疗】 ①新鲜创可清洁局部,用灭菌纱布覆盖创面,剪去创面周围的被毛及血痂,以70%酒精或2%碘酊消毒,用肥皂水消毒液清洗周围皮肤。再用生理盐水洗去伤口上的异物及积液,切除坏死组织,在创口上撒青霉素粉、消炎粉或碘仿磺胺粉(1:8)等,创口可做部分缝合,设引流口,包扎伤口。②对感染创应扩大创口,排除脓汁、异物,切除坏死组织,用3%过氧化氢、0.2%高锰酸钾或3%硼酸溶液冲洗创腔,用高渗盐水或用磺胺乳剂(氨苯磺胺5克,鱼肝油30克,蒸馏水65毫升配成)、碘磺乳剂(碘仿10克,磺胺10克,鱼肝油100克)等做创腔引流,不做包扎。③出血过多时应输血、补液,损伤严重、感染严重时,应注射抗生素消炎,必要时应强心解毒。

(八)食盐中毒

食盐是果子狸不可缺少的营养物质,常在饲料中添加。若日粮中加盐过多,或调制不当,或鱼粉含盐量过高,又饮水不足时,都会引起食盐中毒。

【临床症状】 中毒狸口渴,兴奋不安,严重时剧烈呕吐,鼻镜干燥,可视粘膜紫绀,瞳孔散大,体温常不升高。随后出现腹痛和腹泻,病狸很快消瘦、虚弱,全身肌肉震颤,叫声嘶哑,运动障碍,步态失调,四肢麻痹。最后病狸排尿失禁,呼吸困难,心跳减弱,昏迷而死亡。

中毒病程取决于摄入食盐量多少及饮水是否充足。

【病理变化】 剖检见尸僵完全,胃肠粘膜充血、肿胀,甚至出血或脱落。肺气肿、充血,骨骼肌水肿,有心包积液,心内膜及外膜点状出血,脑膜及脑实质血管扩张,有水肿。

【防 治】 立即停喂含盐过高的饲料,适量供给饮水,即有限制地、间隔短时间多次少量饮水,以促进食盐排除。静脉注射5％葡萄糖酸钙溶液50～100毫升。为维持病狸心脏功能,可皮下注射强心剂,如10％樟脑油0.2～0.5毫升,10％葡萄糖5～15毫升。为缓解脑水肿、降低颅内压,可静脉注射25％山梨醇或高渗葡萄糖溶液。

预防食盐中毒应在平时给予足够饮水和严格控制饲料中食盐的含量,特别是在喂含盐量较高的咸鱼时,要脱盐,搅拌饲料应充分。

(九)苦楝子中毒

苦楝属楝科植物,其根、皮、果均可用作治癣或驱虫药物。在用苦楝子驱虫时,若用量过大或投食后少数强壮果子狸抢食过多,都会引起中毒事故。苦楝子中含有苦楝子毒碱和苦楝素,采食后会对消化道产生刺激作用,有毒成分吸收后损害肝脏,引起神经症状,并使血液凝固性降低,血管通透性增高,内脏出血及血压降低,导致循环衰竭而死亡。

【临床症状】 病初中毒狸兴奋不安,垂头弯背,嘶叫,口吐白泡或出现呕吐,流涎,腹痛。继而病情加剧,肌肉震颤,四肢抽搐，前肢无力，对外界刺激特别是对强光刺激反应迟钝。可见粘膜紫绀，心跳加快，呼吸困难，体温下降至常温以下，肛门松弛，眼球突出，瞳孔散大，甚至倒地不起，全身瘫痪。最后可因呼吸抑制，循环衰褐而死亡。

【病理变化】 剖检见肝脏肿大，淤血。胃严重臌气，胃壁变薄，胃内空虚，无食糜，胃底部极度充血。小肠内容物稀少，粘膜出血。肾有脂肪样变性和充血，肾皮质部淤血。脾脏严重淤血、肿胀。肺及呼吸道内充满白色泡沫，肺气肿，肺小叶淤血，呈肺炎病变。

【防　治】 苦楝子中毒无特效疗法，一般采用排除毒物、对症紧急救治。①尽快清除食盆中剩余的苦楝子。②用 0.1％高锰酸钾液及 1％双氧水洗胃，内服油类泻剂，促进毒物排出，也可用豆浆、清水或牛奶等洗胃。③用安溴合剂（即 10％的溴化钠液 5 毫升，10％安钠咖 1 毫升）或 3％双氧水 5 毫升和 20 毫升 5％葡萄糖生理盐水混合静脉注射。④若有酸中毒，可用 5％碳酸氢钠 10 毫升，或 10％硫代硫酸钠注射液 10 毫升，或 40％乌洛托品 5 毫升，静注，进行解毒。苦楝子驱虫时，要控制投喂数量，并注意各个果子狸的采食量。

（十）霉变饲料中毒

果子狸的饲料若保管不当，存放于温度过高（28℃以上）、湿度过大（达 80％～100％时）和通风不良的环境中，或饲料的水分含量过高（14％以上），存放时间过久，引起曲霉菌、青霉菌、白霉菌等大量繁殖，产生毒素，使果子狸采食后发生中毒。临床上以神经症状为特征。仔狸和母狸对这类真菌的毒素较敏感。

【临床症状】 仔狸中毒常急性发作，精神沉郁，食欲减退,出现中枢神经症状,头歪向一侧或头顶墙壁,数日内死亡。成年狸病程较长,一般体温正常,反应迟钝;后期食欲废绝,腹痛,腹泻,粪便呈黄色糊状或水样,混有大量粘液,严重的混有血液,呈煤焦油状;被毛粗乱,迅速消瘦,可视粘膜黄染;呼吸迫促,心跳加快;出现一般神经症状,口吐白泡,角弓反张;鼻镜干燥、嗜睡、流涎,少数会呕吐,衰弱无力,甚至心力衰竭而死亡。

妊娠母狸可引起流产和死胎,公狸出现性功能障碍。

【病理变化】 剖检见尸体血液凝固不良,皮肤、粘膜下有不同程度黄染,胸、腹腔有大量淡黄色或污秽混浊积液。肝脏肿大1~2倍,被膜下有出血点,质地脆弱。胃、肠内容物呈煤焦油状,有时肠内有暗红色血块,胃、肠粘膜充血、出血、溃疡、坏死。肾有点状出血。膀胱粘膜出血、水肿。心包积液,心脏扩张。

【诊 断】 一旦发现喂同一种饲料的果子狸群均发病时,就应检查饲料的质量,首先注意是否有眼观霉变,然后根据临床症状及病理变化作初步诊断。将可疑饲料或病料做细菌学检查和动物接种试验,即可确诊。

【防 治】 怀疑病狸为霉变饲料中毒时,应立即停喂发霉饲料,换上新鲜饲料,并加喂白糖水等脱毒。

治疗主要采用对症疗法,排除毒素,以减少毒素吸收。对病狸用10%葡萄糖10~20毫升、维生素 B_1 5~10毫升,皮下分点注射;维生素 K 1~2毫克、维生素 C 20毫克、葡萄糖 10克、肝乐 80毫克、肌醇 12.5毫克,混合口服,每天 1 次,连用5~7 天。严重者,可用 5%葡萄糖盐水 50~100毫升、维生素 C 10毫升静脉注射,连用 5~7 天,青霉素 20 万~40 万单位肌注,每天 2 次,连用 3~5 天。心脏衰弱的,可用 10%安钠咖

2～5毫升,皮下、肌内或静脉注射。恢复期的病狸可投服健胃剂,如龙胆酊5～10毫升。

预防应注意,霉雨季节配合饲料存放时间不要超过1周,并保存在干燥通风的料库中。不得饲喂霉变饲料。

(十一)中 暑

【病　因】　中暑是由于炎热季节窝舍通风不良、舍内闷热,或长途运输中无防暑降温设备,使果子狸体热蓄积,不能充分放散,以致体内过热,导致神经系统、全身血液循环系统和呼吸系统功能障碍而引起的急性疾病。特别在气温高、湿度大、饮水不足时,更容易发生。

【临床症状】　突然发病,病初精神沉郁,行走不稳,头部增温,全身出大汗,眼结膜高度充血、潮红,甚至呈蓝紫色,体温升高至41℃～42℃,口舌干燥,呼吸浅表、增数,每分钟70～80次以上,心跳加快,脉微弱、增数,每分钟100次以上,全身发抖,瞳孔散大,视力减弱或消失,最后昏迷或痉挛倒地不起,突然死亡。

【防　治】　预防本病要注意狸舍通风,保持一定的湿度,要增加饮水量,在水中加入适量的食盐,在窝内堆放一些湿沙,让其睡在湿沙上降温。平时喂一些清凉解暑的中草药,如马齿苋、金银花、旱莲草、青蒿、夏枯草、鱼腥草、马鞭草、土黄芩、车前草、路边菊、百解茶、香薷、青木香、海金沙、蒲公英、滑石、甘草等,将上述药物阴干,磨碎,拌料喂,有较好的防暑效果。

发病后立即抢救。治疗应促进体热放散和缓解心肺功能障碍。将病狸放在阴凉的地方,用凉水浇体,特别要注意浇头部,大量喂给1%凉盐水或凉水,病狸不能自饮时,可用1%凉盐水或凉水灌肠。为了更快地降温可肌注氯丙嗪1～2毫克/千克体重,缓解心肺功能障碍,或先放血(剪尾放血)20～30毫升,后补注糖盐水20～30毫升,必要时加入2%安钠咖注射液3～5毫升。有酸中毒时,静注5%碳酸氢钠注射液10～15毫升。也可灌服中药,如香薷散,或十滴水3～5毫升滴鼻,同时用风油精抹鼻。

第十二章　果子狸毛皮与肉产品的利用

一、果子狸毛皮的开发利用

(一)毛皮的构造

1. 表皮层　表皮是皮肤表面最外层,一般占皮肤厚度的1%～2%。表皮层对水、酸、碱和有害气体有较强的抵抗力,对提高毛皮品质具有重要意义。因此,在果子狸屠宰前要防止抓毛,屠宰时避免污染皮毛,剥皮时不要有刀伤,剥后要及时干燥,防止毛皮发霉。毛皮贮存过程中不能被烟熏。只有这样才能保持毛皮的优良品质。

2. 真皮层　真皮层是皮肤的中间层,约占毛皮厚度70%～90%。真皮是由胶原纤维、弹性纤维和网状纤维组成的结缔组织。这些结缔组织呈波状,相互交错,质地坚韧,它决定皮革的强度和耐磨性。

表皮和真皮之间有一层坚韧而透明的基膜,将表皮和真皮分离,此膜虽薄,但结实而富有光泽,表面密布交织的弹性纤维。

真皮由乳头层和网状层组成。乳头层位于基膜之下,分布大量的血管、神经末梢以及弹性纤维,是皮肤最敏感和富含血液部分,是动物体内血库之一,约占循环血量 10%~30%。网状层位于乳头层下方,由丰富的胶原纤维束相互交错形成网状。胶原纤维使毛皮富有韧性,而弹性纤维则决定皮肤的弹性。

胶原纤维不耐热,温度达到 40℃时,纤维膨胀,缩短,弯曲,变形,使毛皮造成极大的损伤。因此,剥下的毛皮只能放在通风、干燥的地方晾干,切不可置烈日下曝晒。在烈日下曝晒使纤维变形,俗称"炸板",毛皮熟制后皮板极不结实,易分层而脱落,气温过高时甚至造成胶原溶解。所以,要注意对原皮的剥制与晾晒,保护好胶原纤维和毛皮。

3. 皮下组织层 主要由脂肪和肌肉间层组成,它对毛皮的熟制加工有副作用。在毛皮熟制前要除干净,以免影响加工。

(二)毛皮的成分和理化性状

1. 生皮非蛋白质成分

(1)水分 生皮中含水分 60%~75%。据研究,幼龄果子狸皮比老龄果子狸皮含水分多,母狸皮比雄狸皮含水分多。鲜皮中的含水量随干燥时间的延长,水分的散失越多。

(2)脂肪 果子狸生皮中脂肪含量占 15%~20%,对毛皮加工过程影响甚大。空气中的温度达到脂肪的熔点时,脂肪细胞膜破裂,凝结状态脂肪熔化成油液,浸入胶原纤维之间。在日光、空气和酶的作用下,脂肪容易氧化和酸败。

(3)碳水化合物 生皮中碳水化合物分布较广,从真皮层到表皮层,从细胞到纤维中都有其存在。其中,真皮层中的酸性粘多糖,在基质中对纤维有润滑和保护作用。

2. 生皮蛋白质成分

(1)非结构蛋白质 包括简单蛋白、结合蛋白、纤维间质及生皮中的酶。这些蛋白质构成基质,浸润纤维束,起润滑纤维的作用。在生皮干燥后,却会使纤维粘结,改变生皮物理性状。基质容易受细菌作用而腐败。因此,在皮张的加工过程中,要除掉基质,否则会因基质变质而引起皮板裂面。

生皮中含有许多酶。当生皮自果子狸尸体上剥下之后,这些酶便促使蛋白质分解,使皮板中的蛋白质发生自溶,将生皮分解为蛋白胨和多肽,固体变成液体。所以,剥下的生皮要注意保存,尽快终止酶的活性。

(2)结构蛋白质 主要是胶原蛋白、弹性硬蛋白和角蛋白。胶原蛋白是最重要的结构蛋白,构成胶原纤维。胶原蛋白不溶于水、盐水、稀碱和酒精,却能吸收这些溶剂而发生膨胀,而加热到 70℃ 会变成明胶而熔化。

胶原蛋白是毛皮的主要成分,生皮鞣制成毛皮的过程,也是胶原蛋白的变性过程。因胶原蛋白经鞣剂处理后,能保持柔韧、坚固的特性。所以,无论在生皮贮藏期间,或鞣制过程中,应尽量防止胶原蛋白受到损坏。

弹性蛋白是弹性纤维的主要成分。弹性蛋白呈细致网状,不溶于水、稀酸及碱性溶液,胰酶可以促使其分解。在毛皮加工过程中,可用此酶除去弹性蛋白,以增加毛皮的柔软性和伸张性能。

(三)果子狸毛皮的特点

1. 毛皮的疏密度 原料皮单位面积上毛的数量和毛的

细度,对毛皮的御寒效果、毛皮的耐磨度和外观,都有很大的影响。所以,毛皮的疏密度,是果子狸毛皮质量的标志之一,湖南、广东果子狸毛的密度与细度见表 12-1。

表 12-1　不同地区果子狸毛皮的密度与细度

地　　区	密度(根/平方厘米)		针毛细度(微米)		绒毛细度(微米)	
	冬季	夏季	肩部	臀部	肩部	臀部
湖南怀化	3100	2000	66.4	57.8	10.8	9.3
湖南浏阳	2500	1900	56.0	51.3	9.04	8.32
广　　东	2000	1500	68.6	66.4	8.7	9.04

湖南怀化地区处于南亚热带向北亚热带过渡地区,年平均温度低于广东,因而被毛的密度、细度与南亚热带的广东有一定的差异,即被毛密度较大,绒毛较细。而处于中亚热带的湖南浏阳正好介于两者之间。

果子狸被毛的密度和细度适中,是一种品质较好的毛皮,曾经是我国大宗传统的出口毛皮之一。

2. 毛中粗毛和绒毛的比例　被毛中的针毛直而润滑,粗硬质脆,富有光泽。针毛耐摩擦,是毛丛中的主干,具有保护和隔离绒毛,防止其粘结的作用。绒毛生于毛丛底部,纤细柔软,有波浪形弯曲,由绒毛形成的空气层,具有很好的保暖作用。因而针毛和绒毛的比例是衡量裘皮品质的重要指标,如果针毛过多,虽然耐磨,但保暖性能差;相反,绒毛过多,虽然保暖,但毛面容易结毡,不耐摩擦。果子狸的被毛中针毛与绒毛的比例较合适,从而构成了具有独特品质的青瑶皮(表12-2)。

表 12-2　不同地区果子狸针毛与绒毛的比例

地　区	总量	针绒毛重量比			针绒毛根数比		
	(毫克)	针毛重	绒毛重	针毛/绒毛	针毛数	绒毛数	针毛/绒毛
湖南怀化	100	63.5	36.5	1.74∶1	473	10270	1∶21.7
湖南浏阳	100	55.0	45.0	1.22∶1	490	11484	1∶23.4
广　东	100	65.5	34.5	1.98∶1	567	7690	1∶13.6

3. 被毛组织结构　从显微镜下可以明显地观察到,针毛由鳞片层、皮质层和髓质层组成;绒毛由鳞片层和皮质层组成。

鳞片层是被毛的最外层。鳞片的排列具有种属的特征。果子狸鳞片的排列有四种类型:一是杂波型,鳞片排列紧密,花纹边缘呈锯齿状。二是杂嵌型,鳞片排列较稀,花纹边缘不整齐。三是锯齿环状型,鳞片花纹呈瓣状。四是杂被型,花纹边缘整齐,排列紧密。鳞片层对有害化学作用的抵抗力很强,对被毛有保护作用。果子狸被毛鳞片层的排列重叠极少,表面光滑,反光性强,呈所谓青瑶光泽,因此而得名青瑶皮。

皮质层位于鳞片层内,毛的弹性、坚韧性和拉力均取决于皮质层的情况。果子狸被毛皮质层在绒毛中占 98.5%,鳞片层占 1.5%;在针毛中皮质层占 45%～50%,挺拔有力,形成毛被结构的支柱。

髓质层位于针毛的最内层,绒毛没有髓质层。髓质层由疏松多孔细胞组成,其内充满空气,有利于保暖。果子狸针毛髓质层占 48%～54%,有利于它度过寒冷的冬天。

4. 被毛长度　针毛和绒毛的长度影响裘皮的保暖性,也影响毛被的弹性和手感。果子狸被毛长度属适中毛型,比细毛型的水貂要长,而比长毛型狐皮略短,因而适合制裘皮、毛领。

其毛的长度如表 12-3。

表 12-3　不同地区果子狸针毛、绒毛长度

地　　区	观测数	针　毛　（厘米）		绒　毛　（厘米）	
		肩　部	臀　部	肩　部	臀　部
湖南怀化	60	3.29	4.59	1.95	2.21
湖南浏阳	60	4.05	4.88	2.05	2.55
广　东	60	4.09	5.05	2.29	2.83

5. 皮板厚度与面积　皮板厚度决定皮板的强度、御寒效果和皮的重量。果子狸皮板属中等厚度，比较适合制作裘衣。

皮板厚度受性别、年龄、宰杀季节和方法的影响。一般雄性狸的皮板比雌性狸的厚，而且皮板随年龄的增长而加厚。同一个体不同部位的皮板厚度也有差异，脊背和臀部的皮板最厚，胸、腹侧和颈部的较薄，腋部的最薄。

防腐方法对皮板厚度也有影响，盐腌防腐对皮板的厚度影响不大，干燥防腐皮板厚度则较薄，从而影响被毛质量。

果子狸皮板面积一般为长 40～45 厘米，宽 30～35 厘米，即 1 200～1 500 平方厘米。皮板面积也受年龄、季节和肥度的影响。

防腐方法也是影响皮板面积的重要因素。干燥防腐，面积缩小 10%，盐干保存，面积缩小 6%，盐腌保存生皮，几乎不改变皮板的面积。

皮板粗加工方法也能影响皮重和面积。钉板撑得过紧，晾晒时伸张率扩大，脱水快，而加工时回软困难，皮板轻，无分量。缩板晾晒常造成表面干燥、内部不干，脱水时间延长，导致掉毛或腐烂。以撑板晾晒的效果最好，既可保持皮张面积，又可保持皮板的重量，可以加工成质量好的裘皮。

6. 毛和皮板结合强度　毛和皮板结合强度取决于毛根

与毛乳头结合的牢固程度。而这种结合又与换毛规律紧密相连。果子狸的换毛规律是持续时间甚长。果子狸结束冬眠以后，进入3月份就开始脱换被毛，3月上旬青年狸开始脱毛，3月末成年狸接着脱毛，大狸群脱毛多集中在4～5月份，随后延续到8月份。至10月份以后，底绒和针毛迅速生长，11月份被毛便基本长成。这时果子狸全身被毛致密而富有光泽，毛根与毛乳头结合紧密，毛和皮板结合牢固。这时是收制果子狸毛皮的最佳时间。

（四）原料毛皮的防腐、贮存及消毒

1. 原料皮的防腐　从果子狸躯体上剥下的鲜皮，含有60%～75%的水分，蛋白质含量高达30%～35%。鲜皮还含有大量的分解蛋白质的腐败菌，当温度在25℃，pH值为7时，细菌大量繁殖，导致蛋白质分解。当温度在40℃，pH值为4时，蛋白质的自溶作用加剧，引起皮组织的分解，最后导致原料皮变质，影响其加工和利用。所以，鲜皮在冷却1～2小时后，应立即进行防腐处理，使原料皮内外形成不适于细菌和酶活动的环境。

防腐方法有：降低温度，除去和降低鲜皮中的水分，利用防腐剂、消毒剂或化学药品处理，杀灭细菌、抑制酶的活性。

（1）盐水法　配制24%～26%的盐水溶液，置于水泥池中。液比为4，即盐水为鲜皮重的4倍。将洗净和处理好的鲜皮放入盐水中，浸泡16～26小时，每隔6小时添加一定量的食盐，调整其浓度。盐水的温度保持15℃。浸泡后将皮取出，悬挂48小时沥干盐水，再用鲜皮重20%～25%的食盐干腌和堆置。

（2）干盐法　将纯净的食盐均匀撒在鲜皮的肉面上。盐的用量为鲜皮重的 25%～30%。然后皮板以肉面相对叠积成 1～1.5 米高的皮堆，放置 2 周。

盐溶解于皮板肉面的水分中，形成饱和盐溶液，盐溶液逐渐渗入皮内，把其中的自由水排挤到皮板的肉面，水又溶解盐分，形成较浓盐液，又渗入皮内，这种反复溶解和渗入过程，使皮内外的盐液浓度达到平衡，从而达到杀菌和终止酶活性的作用。

皮堆置 2 周后，一张张地从皮堆上取下，抖去没溶化的食盐，然后再做干燥处理，使皮张干燥后不致变僵硬而发生折裂。

这种方法处理的原料皮，运输方便，易于贮藏，遇潮湿不变质，贮藏时也不至被虫蛀咬。

（3）干燥法　干燥防腐法是将鲜皮中的水分含量降至 10%～15%。随着皮中水分的减少，使微生物逐渐停止活动，而不使用防腐剂。

做干燥防腐时，要严格控制温度，最合适的温度为20℃～30℃。温度低于 20℃时，干燥时间延长，可能使原料皮腐烂变质；温度高于 40℃时，皮板表面水分蒸发很快，胶原纤维胶化，阻止水分从内层蒸发，而使鲜皮干燥不均匀，不但影响皮板的鞣制，而且易受细菌的损害。

空气中的湿度是影响生皮干燥质量的另一个因素。湿度大于 60%时，干燥速度慢，微生物活动增强，皮张易变质，所以，干燥棚舍中必须通风良好，悬皮要顺风向，皮与皮之间保持 12～15 厘米间隔，尽量使原料皮均匀干燥。

干燥防腐法的缺点是使皮板僵硬，容易折裂，贮藏时易受虫蛀咬。

2. 原料皮的贮存

(1)对仓库的要求　原料皮贮存得好坏,直接影响到皮板的质量。所以,仓库要具备以下条件:即要有一定高度,屋基较高,屋顶不漏水,地面为水泥地,要有防鼠和防蚁设备,仓库内的温度不低于 5℃,不高于 25℃,相对湿度保持在 60%～70%。

(2)入库前检查和防虫处理　如发现干燥不够的湿皮,应及时晾干,发现生虫的板皮应及时除虫或用药物处理后再入库。

(3)仓库管理　皮张应按等级、大小分类堆放,库内通风良好,皮张堆放在垫板上,距离地面 15 厘米,不靠墙,堆与堆之间的间距为 0.3 米。

要经常检查仓库内的温度和湿度,经常检查皮张是否发霉和生虫,以便及时采取措施。

(五)果子狸毛皮的鞣制

果子狸毛皮的鞣制过程和方法如下:

1. **浸水**　浸水的目的是使皮板微细结构中水分的分布和数量接近于鲜皮状态。浸水要求水质清洁,少含杂质和细菌,不然会影响原料皮的浸水效果。水中的细菌过多会造成生皮腐烂,水中含钙盐和镁盐过多,又会促进细菌繁殖。所以,浸水时应经常换水。用水一般深井水比自来水更好。

水的用量以液比来表示,液比是用水的容积(升)与皮的重量(千克)的比值:

液比＝用液容积(升)÷皮的重量

液比一般为 1:15(即 1 千克毛皮加 15 升水,以干皮重量计),浸泡时间为 22～24 小时,水温为常温。

2. 脱脂　果子狸生皮中含脂量可高达15%～20%,如果不除掉这些油脂,就会影响纤维组织的湿润性,阻碍鞣剂的渗入,导致成品发硬。脱脂时温度高,脱脂的效果强,但温度过高容易引起皮中的胶原纤维收缩,所以,脱脂时温度以48℃为好。

脱脂液比纯碱4克/升,洗衣粉2克/升配成。用量为1份毛皮(以湿皮重量计)加10份脱脂液。

由于使用纯碱脱脂,时间过长可能破坏毛质,因此,脱脂时间以20分钟较适宜。如果在此时间内尚未达到脱脂的要求,可换新液再脱1次。

3. 浸硝　浸硝剂的液比为8(以湿皮量计),芒硝40克/升、硫酸1克/升,温度35℃,时间为16～18小时。

4. 去肉　去肉是为了除去阻碍鞣剂渗透的皮下肌肉层,同时消除皮上的部分油脂和其他污物,有利于皮内脂肪的乳化,便于第二次脱脂。去肉多采用小型去肉机进行操作。

5. 第二次脱脂　第二次脱脂的脱脂液为纯碱4克/升、洗衣粉2克/升,用量为1份毛皮加10份脱脂液。温度48℃,时间20分钟。

6. 浸酸　浸酸的目的是增加皮纤维的孔隙度,为鞣剂的渗透、结合创造条件,松散胶原纤维,使成品丰满柔软。

浸酸剂的配方为液比10(以湿皮量计),芒硝60克/升,食盐30克/升,硫酸3克/升,酸性酶5 000单位/升,温度40℃,时间为24小时。

浸酸剂配方中加入芒硝和食盐是为了防止生皮在酸作用下发生膨胀。浸酸采用阶段浸制法,下皮前加硫酸1.5克/升,浸皮6小时后,再加入硫酸1.5克/升,使毛皮纤维结构松散,纤维较细,并洗掉糖蛋白类等化合物复合体。

本浸液配方,可同时达到浸酸与软化的作用。软化可使皮纤维的柔软性和延伸率增强,提高毛皮成品率。酶软化毛皮的效果十分明显。经使用酸性酶软化后的毛皮,皮板的柔软性、成品率和重量都有明显的提高。

7. 醛鞣　甲醛是最常用的鞣剂,其鞣制能力强,鞣制的毛皮质地柔软、丰满,重量轻,面积大,而且甲醛鞣剂原料易得,价格低廉。

甲醛鞣剂的配方为液比 8,芒硝 80 克/升,甲醛 9 克/升,加 C-125 0.3 克/升。新配甲醛溶液时加入纯碱 1 克/升。下皮时甲醛鞣剂液的 pH 值为 6～7,出皮时 pH 值为 7.8～8.2。浸泡的温度 35℃,时间 24 小时。

8. 中和　甲醛鞣制后要进行中和,否则在高 pH 值下,皮板会变硬,易撕裂。

中和剂配方为液比 8,硫酸胺 1 克/升,硫酸 0.3～1 克/升。浸泡时间 6～8 小时。出皮时中和剂液的 pH 值达到 5～5.5,温度 30℃。

9. 水洗　经过水洗可以除去皮板和毛皮上的游离甲醛,降低皮板 pH 值,使毛皮耐老化,并为加脂操作创造条件。

10. 加脂　毛皮加脂是最重要的加工工艺。加脂质量的好坏,对皮板的定型、柔软度、延伸性都有影响。其处理方法是用阳离子加脂剂 100 克/升,水温 50℃。加脂采用涂刷法,以手工用刷子涂刷。先将毛皮抻开放在加脂台上,将加脂液涂于皮板肉面上,然后将各皮板的肉面相对叠放,静置 2 小时,待加脂液渗入皮内,再做干燥处理。

11. 干燥　毛皮加脂后,皮板中水分占 50%～60%,而毛皮成品的水分含量要求保持在 12%～14%。所以,加脂后要进行干燥。如果采用自然干燥法,可将皮板水分含量降至

30%左右。可再将毛皮翻过来晒毛面,以进一步降低毛皮水分含量,并防止晒肉面使皮板过分干燥,引起脆裂。

12. 回潮 毛皮干燥以后,皮板干瘪,紧缩,降低了皮板的柔软度和伸长率。经过回潮处理可使皮板再吸收一定数量的水分,使其具有一定的柔韧性。回潮一般采用喷水法,即将35℃～40℃温水均匀地喷洒在皮板肉面上,喷水后将各皮板肉面相对叠放,周围盖好,以防被风吹干。经 24 小时后进行检查,若皮板能拉伸,并呈白色为适合。

13. 铲软 皮板在干燥过程中如果处理不当,容易造成纤维粘结,通过铲软操作,可使纤维分离。铲软是利用机械,将毛皮的脖头、脊背、四肢依次铲软,使成为皮板完整、薄厚均匀、板面洁净的成品。

二、果子狸肉产品的加工

(一)果子狸生熏腿的加工

生熏腿又称生火腿,简称熏腿。成品外形像乐器琵琶,与金华猪火腿相似,只是果子狸生熏腿要小得多。其外表肉呈咖啡色,内部淡红色,皮金黄色。生熏腿是西式肉制品中的高档品种,系采用果子狸剥皮后的整只后腿,经低温腌制、整形、烟熏形成。成品为半干制品,肉质略带轻度烟熏味,清香爽口。

在肉品工业生产中,很多产品都要经过熏烟过程。特别是各种西式肉制品,差不多都要经过烟熏。烟熏,是肉制品在木材不完全燃烧时生成的挥发性物质中进行熏制处理的过程。

1. 熏烟的目的 肉制品熏烟目可归纳为以下 5 个:①使肉制品颜色美观。②赋予产品以特殊的香味。③熏制使肉制品脱水,增强产品的防腐性。④杀菌作用,使产品具有防止微生物繁殖的作用。⑤抗氧化作用。这5个方面哪一种是主要的,则因产品的种类而异。过去一般认为提高产品的防腐性能是烟熏的主要目的。从目前的发展趋势来看,是以提高肉制品的香味为烟熏的主要目的。这一点可以从现代肉制品加工工艺过程的发展趋势得到证明。

长期以来是以熏烟作为防腐手段的,常采用冷熏法,熏制1～2周,甚至3周。在这样长时间的烟熏中,烟中的防腐物质较多地进入肉内,使肉品充分干燥,达到防腐的目的。从长时间烟熏制品防腐效果看,它不单纯是烟熏的作用,包括烟熏前的腌制和烟熏过程的干燥脱水,都能使肉制品增强防腐性能。

2. 熏烟(制)的基本原理 熏烟的原理如下:熏烟主要是赋予制品以美丽的颜色、特殊香味和增强防腐性能。烟对肉制品产生香味是由有机酸类(甲酸、乙酸等)醛、乙醇、酯、酚类等形成的。使肉质变艳的是烟中的醛类和有机酸进入肉中,随着烟熏的进程,肉温上升,促使 NO-血(肌)红蛋白迅速生成,肉呈现美丽的鲜红色;另一方面,焦油性物质附着在肉表面,使肉制品外观上呈现茶褐色,富有为人所喜爱的光泽色调。

烟中含有有机酸、醛和酚类物质,能增强肉的防腐性能。有机酸与肉中的氨、胺类等碱性物质中和,这些物质使肉偏向酸性,呈现良好的防腐性能。因为腐败菌易于在碱性环境中繁殖。醛类也具有防腐性能,尤其是甲醛防腐能力更强。它不仅自身有防腐性能,而且与蛋白质或氨基酸等含有游离氨基的物质作用后,失去碱性,结果使肉的酸性增强,从而增强肉的防腐作用。酚类虽然也有防腐性能,但这种芳香族防腐作用较脂肪族的醛类微弱得多。酚类大部分具有芳香味,熏制时可赋予肉品特殊的气味。研究证明,酚类具有防止油脂氧化的作用,如含有高度不饱和脂肪酸的鱼类,烟中的酚类对防止其氧化的效果尤为显著。一般是在油脂双键处氧化,产生不良的氧化臭味,氧化酸败的油脂产生黄褐色乃至红褐色,即所谓"油烧"现象,使制品质量变低劣。

烟熏杀菌作用,以往的研究结果并不完全一致,大致可归纳如下:一般程度的烟熏可将肉表面的腐败菌和病原菌杀灭,但在肉内部的细菌却不能被杀灭。如果是与经过腌制处理过的生肉相比较,未经腌制的烟熏肉会迅速腐败。经过一般熏制的肉制品,其内部的细菌还存在,易受细菌繁殖而变质。但这时再进行干燥,使水分降低到35%以下,阻止细菌的繁育,就可以长时间保藏。

肉制品腌制后进行烟熏时,烟对肉制品深处的细菌有杀灭作用。研究指出,热熏烟的杀菌作用比冷熏烟效果大一些。熏烟温度高时微生物死亡的速度快,但并不是熏烟能杀灭所有的细菌。在烟熏过的肉制品内,常含有枯草杆菌和革兰氏阳性的球菌。由上可知,烟熏所产生的杀菌和防腐作用是微弱的。熏制品所以能耐久藏,主要是烟熏前的腌制、烟熏中及烟熏后干燥处理的综合结果。熏烟可使肉的重量减轻。普通熏烟火腿减重5%～10%,腌肉减重10%～20%。主要原因是肉中水分蒸发,腌肉因蒸发面积大,减重也大。为使熏制品减少损耗,多采取高温短时间烟熏法,以尽量降低水分蒸发。

烟熏能降低肉的可溶性蛋白质,增加不溶性蛋白质。这是因为烟的成分由肉表面进入内部,肉内部的烟量比表面少,故一般肉内部的酶未被破坏,在烟熏过程中,肉内自溶还在进行,非蛋白态氮化物就增多。

烟中的醛类、酚类有毒性。但烟熏的肉制品表面附着的或进入制品内部的醛、酚类数量都很少,因而对人体无害。

烟的密度大和温度低能促进烟的质点迅速凝固和沉下。烟与空气混合时,扩散程度加大,质点的凝固和沉下随之缓慢起来。烟的密度以被空气冲淡的程度为转移。空气参加得越少,燃烧的温度越低,生成的烟越多。烟密度按它对光的明亮度的影响来衡量。如果 40 瓦的电灯,距离 7 米可以看见,这种烟不浓;距离 60 厘米不能看见,这种烟很浓。

在熏烟室里,烟的流动速度对肉制品宜用 7.5～15 米/分。在流动速度大时,获得的烟很均匀而且分散,在进与出之间温度差较小。更高的流动速度,只能用于重量较轻的肉制品。烟流动速度慢时,易使产品变焦,影响肉制品的质量。

3. 熏制引起肉制品的变化　肉制品中熏烟的程度通常是用酚数来表示,即肉制品中含有的酚量来表示。酚数是指 100 克肉制品中含有酚的毫克数。

熏烟时,酚和醛的蓄积在最初的 24 小时内最强,以后这些物质在周围介质中的浓度减低,渗入肉制品的量也降低。

熏烟室内烟的组成中,酚是其中最重要的物质。在熏烟室的底层含酚量很多,而醛和酮是最轻的物质,上层含量最多。因此,在熏烟室中加工品挂得越高,含酚量会越少。

酚易溶于脂肪,因而脂肪组织酚含量多于肌肉组织。在 24 小时内,酚渗入产品深处的速度不同。熏制品表面的着色程度与烟中的树脂类物质有关。不同品种木材干馏时得到的焦油的组成不同。不同品种木材的焦油物质含量也不同。山毛榉的焦油中含有愈创木酚和甲酚盐 10.5%,酚及其衍生物 41%;松木的焦油含愈创木酚 7.5%,含甲酚盐 17%。焦油物质含量与木材水分含量呈反比。

很多国家除了赤杨木以外,用山毛榉、桃花心木、杜松、橡木、苹果树及其他品种的木材。用冷熏法熏制肉制品时最好采用各种混合木材,例如:1 份桃花心木,1 份赤杨木或 2 份山毛榉;1 份桃花心木和 1 份松木。桃花心木使肉制品具有金黄色,橡木和赤杨木使熏制品具有暗黄色到棕色的色彩;山毛榉、菩提树、枫木及其他阔叶树的木材使熏制品具有金黄色。

在某些国家采用特殊的熏烟粉。这种熏烟粉是含几种有特殊香味的热带木材混合物。

熏烟时,蛋白质和脂肪吸收烟的一部分,水分损失,蛋白质变性,维生素 B_1 损失 15%～20%,维生素 B_2 及尼克酸也有损失。熏制过程中肉制品的损失取决于肉制品的组成成分、熏制时间和温度。肉制品中脂肪含量越少,室温越高和水分含量多,则重量损失越大。

4. 熏制的一般方法

(1)冷熏法　为使肉制品达到长期贮存的目的,一般采用冷熏法。这种肉制品含水量在 20%～40% 之间,可作长期贮藏。本法因对肉色有不良影响,而且重量损失较大,工艺操作复杂,多不采用。采用冷熏时,因为熏料燃烧时火力有时过大,温度升得太高,应特别注意肉片悬挂的位置。熏制时除注意控制温度外,烟的发生量也应予以重视。烟量太少,会使肉制品变质。这种熏制法在冬季气温低时才宜采用。

(2)温熏法　或称热熏法,温度在 50℃ 上下。这种熏制法在肉品加工工厂广泛采用。本法又可分为中温和高温两种。

①高温法:温度在 50℃～80℃ 之间,多为 60℃。采用这种熏制法在短时间内即可达到烟熏目的,节省劳力,又可使制品生产操作循环合理化。熏制腌肉的时间因肉片大小而不同,一般在 2～5 小时之间,火腿熏 6～10 小时。

②中温法:温度在 40℃～50℃ 之间。腌肉按肉片大小,熏

制 5～10 小时,火腿则 1～3 天。采用此法熏制时,应使温度缓慢上升,不可使温度急速升高。

(3)熏烤法　温度在 100℃左右,或者采用 95℃～120℃的高温,时间 2～4 小时。采用本法熏制的肉品,耐贮性较差。熏后需迅速销售食用。而且脂肪熔化较多,只适合于熏制瘦肉。

(4)熏烟液法　这种方法系采用熏烟房内的凝积水、木材干馏时产生的木醋酸或杂酚油等,用人工调成有烟中成分的熏烟液。将这种熏烟液放在浅平的容器内,并放入大块海绵,将其置于烟熏房内,加热使其蒸发,可获得与熏烟同样的效果。熏烟液的配制方法颇多,现仅举 1 例:水 10 份,木醋酸 10份,杂酚 2 份,杜松油 1 份,混合使用。

(5)液熏法　该法是在含有烟中成分的溶液中浸渍原料肉,经一定的时间后,使液体中的烟成分渗进肉内,并使其吸附在肉上。溶液主要含木醋酸,外加杂酚油、硼酸、明矾、酒精、树皮、杜松油、肉桂油、硫黄、硝酸钾、色素,以及食盐、香料或调味料等。在使用木醋酸时应注意除去沉淀焦油,再用机械法除去浮在表层的油类后,仍有少量的焦油或油分残留下来,如不清除干净,则焦油和油分会给肉品带来异味。

采用液熏法主要是使制品带有熏烟的风味,对制品的外观和防腐作用不大。因此,可采用天然色素着色,以改进产品颜色。在用液熏法熏制火腿和腌肉时,可在熏烟液中添加调味料和香辛料,以提高产品的风味。

我国上海等几家单位已能生产提炼出"烟熏剂"(液熏油),加到肉制品中,形成烟熏味。据有关单位应用,效果较好。

(6)电熏法　其基本原理是在高电压下实行电晕放电。这种电晕放电使烟的微粒带电荷,在熏烟的过程中,带电荷的烟微粒可迅速地附着于肉块上,于是加速了熏烟过程。电晕放电是空气中两个导体间的电压升高,在火花发生前有少量电流通过。这种现象即称为电晕放电。例如对鱼进行电熏时,熏烟房内配置电线,用铁丝把鱼体挂起,将鱼体作为电极进行电晕放电。电晕放电时,使带电荷的烟雾被相反电极的鱼体迅速吸附。熏烟时悬挂的鱼或肉块,在10 000～30 000伏电压下,由下面导入的烟微粒,大都带负电荷,则向阳极泳动,在短暂的瞬间被肉品吸着,这是电晕的原理。附着在肉块表层的烟由于电渗透作用向内部渗透。

电熏时除产生臭氧与硝酸外,烟中的酚类及醛类分子也被活化,而具有强烈的杀菌和防腐作用。因此,电熏法产品的贮藏性很好。此外,臭氧还有脱臭作用。可是,电晕放电时也可产生氨等有害物质,这对制品可产生不良影响。

5. 工艺流程 生熏腿的制作工艺流程如下:原料选择、整形→注射盐水,揉擦盐硝→下缸浸渍腌制→出缸泡浸→再整形→熏制→成品

6. 加工步骤

(1)原料选择、整形 选择健康无病的果子狸后腿肉,而且必须是腿心肌肉丰满的果子狸后腿。果子狸肉应在0℃左右的冷库中放置冷却约10小时,使肉温降至0℃～5℃,肌肉稍微变硬后再开割。这样腿坯不易变形,有助于成品外形美观。开割的腿坯形状似金华猪火腿。

整形是去掉尾骨和腿面上的油筋,并割去四周边缘凸出部分,使其呈直线。经整形的腿坯重量以5～7千克为宜。

(2)注射盐水,揉擦盐硝 注射的盐水配制是50升水中加精盐6～7千克,食糖0.5千克,亚硝酸钠($NaNO_2$)30～35

克。把上述数量的精盐、食糖、亚硝酸钠置于一容器内,用少量清水拌和均匀,使其溶解。如一次溶解不透,可不断加水搅拌,直至全部溶解,然后冲稀,总用水量为 50 升,不可过量。最后撇去水面污物,即可使用。如用量较大,则照上述比例类推调制。

注射盐水是用盐水泵通过注射针头把盐水强行注入肌肉内。注入的部位一般是在 5 个均匀分布的位置各注射 1 针。肌肉厚实的部位,可灵活地增加注射点,以防止中心部位腌制不透。盐水的注射量约为肉重的 10%。注射操作宜在不漏水的浅盘内进行。注射好的腿坯,应即时揉擦盐硝。

盐硝腌制剂是食盐和硝酸钠($NaNO_3$)的混合物,主要成分是盐。硝酸钠占盐量的 0.5%。盐硝的比例并非都是 100:0.5,根据不同产品的不同要求,其比例可按需要酌情调整。

揉擦盐硝的方法是将盐硝撒在肉面上,用手揉擦,腿坯表面必须揉擦均匀,最后拎起腿坯抖动一下,将多余的盐硝落回盛器。揉擦盐硝的用量,每只腿用 100～150 克。经注射盐水和揉擦盐硝的腿坯,摊放在不漏水的铝质浅盘内,置于 2℃～4℃冷库内腌渍 20～24 小时。

(3)下缸浸渍腌制 浸渍盐水的浓度和用硝量,与注射用盐水不同。区别在于盐水浓度不同。注射用盐水浓度为 12%左右(相当于 12 波美度),浸渍用盐水浓度为 16%左右;另是用的发色剂不同。注射用盐水加的是亚硝酸钠,浸渍用盐水加的是硝酸钠。

浸渍盐水配法是:50 升水中加盐约 9.5 千克,硝酸钠 35克,充分溶解,搅拌均匀,即可使用。

经过 20～24 小时腌渍的腿坯,需置于缸内浸渍腌制。程序是先把腿坯一层一层紧密地排放在大口陶瓷缸内。底层的皮向下,最上面的皮向上。堆放高度应略低于缸口。然后将事先配好的浸渍盐水倒入缸内,盐水液面的高度应稍高于肉面。盐水的用量一般约为肉重的1/3,以把肉浸没为度。为防止腿坯上浮,可加压重物。

浸渍时间的长短与腿坯大小、注射盐水是否恰到好处、腌室温度等因素有关。一般2周左右可腌好。在浸渍期间应翻缸2～3次。翻缸的目的有3个:一是改变肉的受压部位,松动肌肉组织,有助于盐水渗透扩散均匀。二是检查盐水是否酸败变质,尤其是夏季更显得重要。变质盐水的特征是产生气泡或有异味,发现这种情况时应调换新盐水。三是长时间静止的盐水各处浓度不同,通过翻缸,可使其浓度均匀。

(4)出缸浸泡 腌制好的腿坯,即可出缸加工。腿坯出缸后,需用温水浸泡3～4小时。温水浸泡有两个作用:一是使腿内温度升高,肉质软化,便于清洗和修割;二是漂去表面盐分,以免熏制后出现"白花"盐霜,有助于增加产品外形美观。经过腌制的腿坯,表面有时会有少量污物沉积,须用抹布揩去,揩不掉的硬性杂质,用手除去。洗好后用锋利的刀刮尽皮上的残毛和油垢。

(5)再整形 完成了上述各项工序处理的腿坯,需再次修割、整形,使腿面呈光滑的椭圆形球面。在脚下方刺一小洞,穿上棉绳,吊挂在晾架上,再一次刮去肉上的水分和油污,继续留在晾架上晾10小时左右。晾干期间,肌肉里有少量水分渗出,同时血管里有血水流出,可用干布吸干,至此便可进行烟熏了。

(6)熏制 生熏腿的烟熏工序与灌肠烟熏相类似,所不同的是熏室温度比灌肠烟熏要高,一般为60℃～70℃,先高后低,整个烟熏时间为8~9小时。烟熏好的成品,其肌肉呈咖啡色,手指按捺有一定硬度,似一层干壳,表面呈金黄色,用手指弹击,有清晰"扑、扑"声。如达不到上述要求,则可适当延长烟熏时间。如有条件,采用无烟熏新工艺则更好。

(二)果子狸肉小肚的加工

本产品系以果子狸肉为主要原料,辅以其他多种辅料,用猪膀胱灌制而成,呈圆形,色泽金黄,清香味美,因辅料中加有湖南特产湘莲而使其风味独特,故名果子狸肉莲仁小肚。

1. 工艺流程 原料肉选择、整理及切条→拌料→灌制→煮制→熏制→成品贮藏

2. 加工步骤

(1)原料肉选择、整理及切条 选用经卫生检验,确属健康无病的果子狸的新鲜肉,经剔骨后,修去碎骨、软骨、硬筋、淤血肉等,并切成0.8厘米×0.8厘米×4厘米的肉条,猪肉切成与果子狸肉同样大小的肉条。

(2)拌料 原料配方:果子狸肉80千克,猪肉20千克,淀粉25千克,食盐4千克,味精100克,莲仁2千克,五香粉50克,亚硝酸钠20克,水25升,料酒400毫升,磷酸盐、姜、葱适量。料的配制:先在配料盆中用少量水调匀淀粉,然后加入食盐、味精、五香粉、湘莲、亚硝酸盐、磷酸盐和洗净切碎的姜、葱末、酒及原料肉(绞碎)搅拌,拌到肉馅具有一定粘性,原料肉和辅料分布均匀,干湿合适即可灌制。

(3)灌制 即把肉馅装进小肚里(每一生产批次中的小肚最好大小一致),不要装得太满,一般为小肚容积的2/3左右,然后用细竹签绞合封口,绞合时一定要均匀牢固,以免煮制时破裂造成损失。

（4）**煮制**   先把水煮沸，逐个放入小肚，温度控制在80℃～85℃，煮制时间为3.5～4小时。

（5）**熏制**   将煮制好的小肚，稍冷后放于烟熏锅（或烟熏炉）的格网上。为了保证颜色均匀一致，在小肚摆放时应保持一定的间隔和位置。熏制时，先在锅底放入少许白糖，盖严，然后用火或电炉加热，使白糖焦炭化，发烟熏制。熏制时间10～15分钟。

（6）**成品贮藏**   熏烟后，出炉冷却至室温，拔出竹签，即为成品。成品在－10℃条件下可保存15天左右。

（7）**出品率**   小肚出品率比较高，一般为原料肉的170.1％，即100千克原料肉（70千克果子狸肉，30千克猪肉）可生产成品170.1千克的果子狸小肚。

（三）果子狸肉干的加工

肉类干制品，是肉类制品中一种重要产品，也是传统的肉制品精华。这类肉制品大都以优质猪、牛瘦肉为原料，经过腌制、煮制、调味、烘干等工艺加工而成。可依据个人口味爱好，适当调整辅料配方，即可满足不同口味要求。因此，肉类干制品品种繁多，如果在收集、整理优质传统肉类干制品生产的基础上，探索了一条以果子狸肉为原料，辅以其他对人体有益的香辛料，并具有明显的特色，可以与名、优、特传统肉类干制品媲美的果子狸肉干加工新工艺，将会受到消费者的欢迎。

果子狸肉干是用健康纯果子狸肉，经煮制、调味、烘干而成的一种肉制品。由于所用的辅料不同，口味也不一。现将几种果子狸肉干原料配方分述如下：

1. 原料配方   见表12-4。

表 12-4　果子狸肉干原料配方　（单位：千克）

原辅料	果子狸肉	盐	砂糖	酱油	酒	生姜	五香粉	味精	甘草粉	辣椒粉
辣味	100	2.2	8	4	1	0.25	0.25	0.15	—	0.5
甘味	100	2.2	10	4	1	0.25	0.25	0.15	0.5	—

2. 工艺流程　原料选择及整理→煮制或蒸制→沥水→冷却、切片→复煮、调味→烘烤→冷却、包装

3. 加工步骤

（1）原料选择及整理　选用健康无病果子狸肉，修净脂肪，洗净沥干备用。

（2）煮制　将原料肉放入 85℃～90℃ 的热水中，煮制 15 分钟左右或蒸制 10～15 分钟，使肉块定形发硬，便于切片，同时除去部分血水。

（3）冷却、切片　将煮制（或蒸制）的肉块捞出，沥去汤汁，冷至室温。然后将肉块切成 3 厘米×0.5 厘米的肉条。在切条时应尽量保持大小均匀一致，亦可在切成适当大小块状后，用切丝机切丝。

（4）复煮、调味　把切好的肉条置于锅内，加入原料肉量 20% 的原汤，用文火烧煮，待汤汁所剩无几时，加入盐、酱油、酒、糖，并不断搅拌。待汤快干，起锅前加入味精、五香粉、辣椒粉或甘草粉（指甘味果子狸肉干），再翻拌 1～2 分钟，使其入味和分布均匀。在整个过程中，应不时的翻动，使制品"上味"均匀，色泽一致。收汤后的半成品即可乘热摊放在烘烤盘上，烘烤。

（5）烘烤　将摊有肉干的烘烤盘放入烘箱的格架上，烘箱的温度控制在 50℃～55℃，每隔半小时左右翻动 1 次。每隔 1～2 小时调动 1 次上下烘烤盘的位置，以便产品干制均匀。

约经 4～5 小时,其含水量可达到规定要求,即为产品。出品率一般为 40%～45%。

(6)冷却、包装　烘烤结束出箱后,即可置于室温下冷却。切勿置于冷库内冷却,否则表面出现冷凝水,容易长霉,影响产品保存期。冷却后即可包装销售。一般采用食品塑料袋作小包装。亦可采用真空包装。果子狸肉干应保存在卫生、阴凉、干燥、避光的仓库内,以防受潮霉变。

4. 成品质量

(1)感官　色泽褐润光泽,大小均匀,无杂质,无霉变,味鲜肉松,无异味,耐嚼化渣,回味无穷。

(2)理化、生物性状　水分不超过 20%,细菌总数不超过30 000 个/克。

肉干蛋白质含量高,水分少,营养价值极高。而且均为熟制品,食用方便,容易携带,耐贮藏,是旅游、佐餐的佳品,深受广大消费者喜爱。

(四)油炸果子狸肉的加工

1. 油炸果子狸肉片

(1)配方　原料肉 100 千克,精盐 2 千克,香油 1 千克,味精 0.1 千克,五香粉 0.5 千克,生姜 0.5 千克,面粉 4 千克。

(2)工艺　将肉切成肉片,加入调料,腌制 1 小时,然后上面粉浆,在油锅中炸制呈玫瑰红色,即为成品。

2. 炸果子狸肉团

(1)配方　果子狸肉 100 千克,淀粉 20 千克,精盐 2 千克,酱油 1.5 千克,生姜 1 千克,白糖 0.5 千克。

(2)工艺　将肉制糜,与各种调料及淀粉混合均匀,做成团块,放入油锅中炸制,炸成深黄色即可。

3. 油炸果子狸肉块

(1)配方　果子狸肉 100 千克,精盐 2 千克,植物油适量。

(2)工艺　先将果子狸肉洗净,晾干,放入冷油锅中,小火缓慢加热,不断翻动,直至肉呈棕黄色时取出即成。

4. 炸果子狸肉圆

(1)配方　果子狸肉 100 千克,精盐 2.2 千克,面粉 15 千克,味精 0.3 千克,生姜 0.4 千克,亚硝酸钠 10 克,胡椒粉 0.5 千克,焦磷酸钠 0.1 千克。

(2)工艺　将果子狸肉切成肉条或小肉块,用精盐、磷酸盐和亚硝酸钠等进行腌制,然后用绞肉机绞成肉糜,与调料混合均匀,使之呈圆球形,置于热油中炸制。将炸制好的半成品放于蒸锅中蒸 20 分钟即为成品。

5. 酥炸果子狸肉　本品呈棕黄色,质酥而软,味美适口。

(1)配方　果子狸肉 50 千克,淀粉 12 千克,鸡蛋 1 千克,酱油 500 克,大葱 500 克,精盐 1 千克,花椒粉 50 克,鲜姜 250 克,豆油 4 千克。

(2)工艺　把选好的肉切成 7～8 厘米长,3～4 厘米厚的肉片。将切好的肉片和调料混合在一起,搅拌均匀,静置 30 分钟,再用 2 升水把淀粉调稀,将鸡蛋打成蛋汤,放入肉片拌均匀,使淀粉糊布满肉片。将油加温至 180℃,把拌好的肉片投入油锅内,炸 5～6 分钟,至表面呈棕黄色捞出即可。

6. 果子狸什锦肉丸

(1)配方　果子狸肉 40 千克,胡萝卜 10 千克,肉蔻粉 65 克,五香粉 65 克,胡椒粉 65 克,酱油 40 克,糖 750 克,酒 250 克,鲜姜 250 克,大葱 1 千克,淀粉 5 千克,味精 125 克,海米 1.25 千克。

(2)工艺　将选好的肉切成小块,胡萝卜切碎,二者一起用绞肉机绞成细馅,加入辅料,拌匀,再将淀粉调好,倒入馅肉,拌匀,取出做成大小相同的圆球,投入油锅内炸熟,出锅。凉透即为成品。

(五)果子狸午餐肉罐头的加工

1. 工艺流程 修整处理→腌制→搅拌配料→称量装罐→密封→杀菌冷却→擦罐

2. 加工步骤

(1)修割处理 新鲜果子狸肉去净前后腿结缔组织,只留瘦肉,处理后肉温不超过 15℃。

(2)腌制 将果子狸净瘦肉切成 3～5 厘米小块,每 100 千克,加入 2 号混合盐 2～2.5 千克,在 0℃～4℃温度下腌制 48～96 小时。腌后肉块呈鲜红,气味正常,肉质有柔软和坚实的感觉。

(3)搅拌配料 果子狸瘦肉 100 千克,白胡椒粉 192 克,玉米淀粉 11.5 千克,玉米粉 58 克,冰屑 19 千克,维生素 C 32 克(或不加)。将以上配料加入果子狸瘦肉中搅拌 1～2 分钟,也可加入一些猪肥膘肉,继续搅拌 0.5～1 分钟。搅拌后肉质鲜红,具有弹性,均匀,无冰屑。将搅拌好的肉糜填入真空搅拌机中,在 66.66～79.99 千帕(500～600 毫米汞柱)真空中搅拌 2 分钟。

(4)称重装罐 使用 804 号、996 号罐装料,午餐肉净重 340 克、397 克。

(5)密封 装罐后抽气密封、真空 40 千帕(300 毫米汞柱)。

(6)杀菌及冷却 净重 340 克罐,杀菌式:15′—55′反压冷却/121℃〔反压 147 千帕(1.5 千克/平方厘米)〕;净重 397

克罐,杀菌式:15′—70′反压冷却/121℃〔反压 147 千帕(1.5 千克/平方厘米)〕。

(7)产品质量标准　色泽呈淡粉红色,具有午餐肉罐头应有的滋味及气味。肉质柔软,紧密不松软,形态完整,可以切片,切面有明显的粗纹肉夹花,允许稍有脂肪析出和小气孔存在。净重:340 克、397 克。食盐含量 1.5%～2.5%。

(六)清蒸果子狸肉罐头的加工

清蒸类罐头具有保持各种肉类原有风味的特点。制作时,将处理后的原料直接装罐,再在罐内加入食盐、胡椒、洋葱、月桂叶、猪皮胶或碎猪皮等配料;或先将肉和食盐拌合,再加入胡椒、洋葱、月桂叶等后装罐。经过排气、密封、杀菌而制成。成品具有原料特有风味,色泽正常,肉块完整,无夹杂物。果子狸肉清蒸罐头的加工工艺如下:

选用健康果子狸,经屠宰检验合格后,剥皮、去除头肉、颈肉、软骨、硬骨、淋巴结、血管、伤肉、疮疤,经过冷却或冷藏成冷冻肉。未经冷却、外观不良、有异味肉,或冷冻两次的及冷藏后品质不好的肉,不得使用。

1. 工艺流程　解冻→拆骨、去皮、去肥膘→整理→切块→复检→装罐→排气、密封、杀菌、冷却→揩罐、入库

2. 加工步骤

(1)解冻　解冻温度为 16℃～18℃,相对湿度为 85%～90%,解冻时间为 10 小时左右。解冻结束时最高室温应不超过 20℃。解冻后腿肉中心温度应不超过 10℃,不允许留存有冰结晶。

(2)拆骨、去皮、去肥膘　拆骨要求骨不带肉,肉上无骨,肉不带皮,皮不带肉,过厚的筋膜应去除。

（3）切块　将整理后的肉,按部位切成长宽各 5～7 厘米的小块,每块 110～180 克,腱子肉可切成 40 毫米左右的肉块,分别放置。切块大小均匀,减少碎肉的产生。

（4）装罐　复检后将不同的肉块分开,以便搭配装罐。装罐前将空罐清洗消毒,定量地在罐内装入肉块、精盐、洋葱末、胡椒粉及月桂叶。

（5）排气、密封、杀菌　加热排气,先经预封,罐内中心温度不低于 65℃。密封后立即杀菌,杀菌温度 121℃,杀菌时间 90 分钟。杀菌后立即冷却到 40℃以下。

3. 生产中应注意的几个问题　月桂叶不能放在罐内底部,应夹在肉层中间,否则月桂叶和底盖接触处易产生硫化铁;精盐和洋葱等应定量装罐,不能采用拌料装罐方法,否则会产生腌肉味和配料拌和不均现象;尽量使用涂料罐。防止空罐机械伤而产生硫化污染。若使用素铁罐时,每罐肥瘦搭配要均匀,应注意将肥膘面向罐顶、罐底和罐壁;添秤肉应夹在大块肉中间,注意装罐量、顶隙度,防止物理性胀罐;素铁罐应进行钝化处理;严格执行各工序操作要求,防止出现血红蛋白。

（七）果子狸肉香肠的加工

香肠是三大肉制品之一,而干香肠则是我国的传统肉制品,深受广大消费者的喜爱。果子狸肉肉质细嫩,颜色介于猪肉和牛肉之间,肉的风味较佳,肥瘦比适宜。这些特性使其作为香肠的原料成为可能。

果子狸肉和猪肉不同,一是脂肪含量少,二是颜色较深。因此,用果子狸肉加工香肠不能照搬猪肉香肠的加工方法。加工在肉的腌制、切丁的大小、香肠的配方及香肠的干制方法等方面有其特点。

1. 工艺流程 制作果子狸肉香肠的工艺流程如下：原料肉选择、修整→腌制→绞肉（切丁）→拌馅→灌肠→扎孔、漂洗→烘烤→成品包装

2. 加工条件与配方 为了改善果子狸肉香肠制品的颜色及风味，对果子狸肉采用干腌法腌制一定的时间。腌制剂为食盐 2.5％，亚硝酸钠 150 毫克/千克，异-抗坏血酸钠适量。腌制温度为 4℃。经过腌制后，干香肠的风味明显改善。但随着腌制时间的延长，香肠的颜色逐渐变深。腌制时间超过 24 小时时，香肠的颜色发黑，影响产品的外观。因此，腌制的时间不宜超过 24 小时。果子狸肉腌制时，肉粒的大小对香肠干燥速度及质量有影响。果子狸肉质较嫩，肉块小，结缔组织较硬，不易绞碎或切断。加工果子狸肉香肠其原料瘦肉最好用绞肉机绞碎，脂肪切成 1～3 厘米左右的肉丁。这样既可改善成品的外观，又可保证香肠的干燥速度，减少脂肪的熔化。

为了使果子狸肉香肠具有其特有的风味，在香肠配方中应添加一定量的果子狸脂肪，但果子狸肉中的脂肪比较软，熔点低，在烘烤过程中容易熔化，影响产品质量。因此，应采用适当的烘烤方法来减少脂肪的熔化，保证产品的质量。烘烤可采用温度初期 55℃，后期 50℃，连续烘烤。

3. 加工步骤 果子狸肉干香肠的加工步骤如下：

（1）原料肉选择、修整 原料应是来自健康的果子狸肉。肉的颜色正常。可用热鲜肉和冷冻、贮藏的肉。肉使用前剔除血管、淋巴结、筋膜以及碎骨等杂质。为了改善香肠的颜色、质地，果子狸肉香肠中可适当添加猪肉及适量的猪脂肪。

（2）香肠的配方 利用果子狸肉可以加工出不同风味的干香肠。各种香肠的基本配方如下：

①广式香肠：果子狸肉 90 千克，猪肥膘 10 千克，食盐

2.5千克,糖8~10千克,白酒1千克,亚硝酸钠150毫克/千克,助发色剂适量。

②湖南腊肠:果子狸肉85千克,猪脂肪15千克,食盐2.2千克,糖2千克,白酒1千克,亚硝酸钠150毫克/千克,香辛料适量,助发色剂适量。

③混合香肠:果子狸肉60千克,猪瘦肉20千克,猪肥膘20千克,食盐2千克,糖2千克,白酒1千克,亚硝酸钠150毫克/千克,香辛料适量,助发色剂适量。

(3)腌制　将瘦肉切成小块,然后加入食盐、亚硝酸钠、助发色剂等,拌匀。在4℃左右的温度下,腌制24小时。

(4)绞肉(切丁)　将腌制后的瘦肉用绞肉机绞碎(筛板孔径6~8毫米),把肥肉切成1~3厘米大小的肉丁,并用50℃左右的温水漂洗,沥干待用。

(5)拌馅　将绞碎后的瘦肉、肥肉丁及糖、酒、香辛料等配料混合,并搅拌均匀,制成肉馅。

(6)灌肠　将拌好的肉馅灌入肠衣内。肠衣可选用猪小肠或羊肠制成的盐渍肠衣或干肠衣。肠衣使用前用清水漂洗干净。

(7)扎孔、漂洗　将灌好的香肠用细绳扎节,再用细针在肠衣上扎孔,以利于肉馅中的水分蒸发。扎的孔不要太大,以免将肉馅挤出。烘烤前将香肠用40℃~50℃的温水漂洗。

(8)烘烤　采用连接烘烤法。烘烤初期温度为55℃,随后逐步降低温度至50℃。为了防止脂肪熔化,应严格控制烘烤温度。采用猪小肠肠衣时(φ18毫米),烘烤时间约需22~28小时。

(9)成品包装　烘烤完成后,将成品在常温下放置24小时,使产品中水分分布均匀。然后采用真空包装,常温下保存。

4. 产品的质量指标

(1)成品的感官指标 色泽:外观瘦肉呈深红色,脂肪为白色。切面呈红棕色,红白分布均匀。组织状态:肠衣紧贴肉馅,粗细一致,肉馅结合紧密,切面结实,弹性好。风味:具有香肠的香味,无异味。

(2)成品的理化指标 参见猪肉、牛肉香肠产品的国家标准中有关的理化指标。

参 考 文 献

1. 屈孝初、李文平．果子狸被毛形态学和组织学观察．湖南师范大学自然科学学报．1997.20(增刊):61～63

2. 李文平、屈孝初．果子狸在人工驯养条件下的保种方法．经济动物学报．1999.3(4):20

3. 李文平、屈孝初．果子狸驯化特性的研究．经济动物学报．2000.4(3):31

4. 张保良、苏学良、高贵昌、张万和．花面狸活动及冬休习性研究．动物学杂志．1991.26(4)

5. 张保良、苏学良、高贵昌、张万和．花面狸的分布及种群组成研究．1991.26(6)

6. 刘玉铉．花面狸在人工饲养下的繁殖．动物学杂志．1959.4:161～162

7. 康梦松、李文平、屈孝初．果子狸冬眠习性研究．1997.4:481～483

8. 康梦松．果子狸繁殖生理特性研究．黑龙江动物繁殖．1999.7(2):12～15

9. 康梦松．果子狸在家养条件下行为再塑的研究．经济动物学报．1999.3(1):18～21

10. 盛和林、王培潮、陆原基、祝龙彪．哺乳动物概论(M)．华东师范大学出版社,1985

11. 孙儒泳．动物生态学原理(M)．北京师范大学出版社,1987

12. 戴惠敏、李锡碫．实用毛皮加工技术．农业出版社,1989

13. 刘进辉、刘自逖、黄复深、朱开明、段文武．果子狸生殖腺的形态与组织结构研究．经济动物学报．1998.2(3):35～38

14. 孔学民、康梦松、刘玉莲．果子狸对玉米、豆粕和鱼粉型日粮的消化率测定．经济动物学报．1998.2(2):39～41

15. 康梦松、李文平、屈孝初．果子狸冬眠习性研究．湖南农业大学学报．1997.23(4):366～369

16. 高凤仙、康梦松．果子狸笼舍形式探讨．野生动物．1999.20(4):26～27

17. 康梦松．果子狸的人工喂养技术．特种经济动植物.1998.1(5):10

18. 康梦松、李文平、屈孝初．影响果子狸人工繁殖因素的探讨．特产研究．1998.(3)28～30

19. 王和民、叶浴浚．配合饲料配制技术．农业出版社,1990

20. 曾雪影．果子狸养殖技术．科学普及出版社广州分社,1987

21. 王福麟．果子狸分布及其经济意义．野生动物．1983.(4):32

22. 刘进辉、朱开明、段文武．果子狸常见病的防治．特种经济动植物.2000.(1):42

23. 刘文华．果子狸病毒性肠炎的防治．特种经济动植物.2001.(6):39

24. 刘进辉等．果子狸川楝子中毒试验．中国兽医科技.1996.26(5):41

25. 高耀亭、汪松、张曼历、叶宗耀、周素橘．中国动物志·兽纲·第八卷食肉目[M]．科学出版社,1987

26. 贾志云等．果子狸繁殖期行为的观察．兽类学报.2000.20(2):108～114

金盾版图书,科学实用,
通俗易懂,物美价廉,欢迎选购

瘦肉型猪饲养技术　　　　5.00 元

瘦肉型猪饲养技术(修
　订版)　　　　　　　　6.00 元

猪饲料科学配制与应用　7.50 元

中国香猪养殖实用技术　5.00 元

肥育猪科学饲养技术　　7.00 元

小猪科学饲养技术　　　5.50 元

小猪科学饲养技术(修订
　版)　　　　　　　　　5.50 元

母猪科学饲养技术　　　6.50 元

猪饲料配方 700 例　　　6.50 元

猪饲料配方 700 例(修
　订版)　　　　　　　　7.50 元

猪瘟及其防制　　　　　7.00 元

猪病防治手册(第三次
　修订版)　　　　　　　11.00 元

猪病诊断与防治原色
　图谱　　　　　　　　　17.50 元

养猪场猪病防治(修订
　版)　　　　　　　　　12.00 元

猪繁殖障碍病防治技术
　(修订版)　　　　　　　7.00 元

猪病针灸疗法　　　　　3.50 元

猪病中西医结合治疗　　10.00 元

猪病鉴别诊断与防治　　9.50 元

断奶仔猪呼吸道综合征
　及其防制　　　　　　　5.50 元

仔猪疾病防治　　　　　7.00 元

养猪防疫消毒实用技术　5.00 元

猪链球菌病及其防治　　4.50 元

猪细小病毒病及其防制　5.00 元

猪传染性腹泻及其防治　6.50 元

猪圆环病毒病及其防治　5.00 元

猪附红细胞体病及其防治 5.00 元

实用畜禽阉割术(修订版) 6.50 元

新编兽医手册(修订版)
　(精装)　　　　　　　　37.00 元

兽医临床工作手册　　　42.00 元

畜禽药物手册(第二次
　修订版)　　　　　　　33.00 元

兽医药物临床配伍与禁忌
　　　　　　　　　　　　22.00 元

畜禽传染病免疫手册　　9.50 元

畜禽疾病处方指南　　　53.00 元

禽流感及其防制　　　　4.50 元

畜禽结核病及其防制　　8.00 元

养禽防控高致病性禽流
　感 100 问　　　　　　　3.00 元

人群防控高致病性禽流
　感 100 问　　　　　　　3.00 元

畜禽营养代谢病防治　　7.00 元

畜禽病经效土偏方　　　8.50 元

中兽医验方妙用　　　　8.00 元

中兽医诊疗手册　　　　39.00 元

家畜旋毛虫病及其防治　4.50 元

家畜梨形虫病及其防治　4.00 元

家畜口蹄疫防制　　　　8.00 元

家畜布氏杆菌病及其防
　制　　　　　　　　　　7.50 元

家畜常见皮肤病诊断与

防治	9.00元	养牛与牛病防治(修订版)	6.00元
家禽常用药物手册(第二版)	7.20元	奶牛良种引种指导	8.50元
		肉牛良种引种指导	8.00元
禽病中草药防治技术	8.00元	奶牛肉牛高产技术(修订版)	7.50元
特禽疾病防治技术	9.50元		
禽病鉴别诊断与防治	6.50元	奶牛高效益饲养技术(修订版)	11.00元
常用畜禽疫苗使用指南	15.50		
无公害养殖药物使用指南	5.50元	奶牛规模养殖新技术	17.00元
		奶牛高效养殖教材	4.00元
畜禽抗微生物药物使用指南	10.00元	奶牛标准化生产技术	7.50元
		奶牛饲料科学配制与应用	12.00元
常用兽药临床新用	12.00元		
肉品卫生监督与检验手册	36.00元	奶牛疾病防治	10.00元
		奶牛胃肠病防治	4.50元
动物检疫应用技术	9.00元	奶牛无公害高效养殖	9.50元
动物疫病流行病学	15.00元	奶牛实用繁殖技术	6.00
马病防治手册	13.00元	肉牛无公害高效养殖	8.00元
鹿病防治手册	18.00元	肉牛快速肥育实用技术	11.50元
马驴骡的饲养管理	4.50元	肉牛饲料科学配制与应用	8.00
驴的养殖与肉用	7.00元	奶水牛养殖技术	6.00元
骆驼养殖与利用	7.00元	牦牛生产技术	9.00元
畜病中草药简便疗法	5.00元	秦川牛养殖技术	8.00元
畜禽球虫病及其防治	5.00元	晋南牛养殖技术	10.50元
家畜弓形虫病及其防治	4.50元	农户科学养奶牛	12.00元
科学养牛指南	29.00元	牛病防治手册(修订版)	9.00元

以上图书由全国各地新华书店经销。凡向本社邮购图书或音像制品,均可享受9折优惠;购书30元(按打折后实款计算)以上的免收邮挂费,购书不足30元的按邮局资费标准收取3元挂号费,邮寄费由我社承担。邮购地址:北京市丰台区晓月中路29号,邮政编码:100072,联系人:金友,电话:(010)83210681、83210682、83219215、83219217(传真)。